Zu diesem Buch Fast alle Organismen sind beherrscht von zyklischen Prozessen: Nerven feuern fünfmal pro Sekunde, Bakterien teilen sich im Tagestakt, Würmer paaren sich in einer bestimmten Vollmondnacht, Zikaden einer Art verpuppen sich alle zugleich nach 17 Jahren. Auch Menschen kennen Tageshochs und Jahrestiefs, werden krank, wenn ihre Rhythmen aus dem Takt geraten – sind Eulen oder Lerchen. In diese beiden Kategorien werden sie von Chronobiologen unterteilt: Die Lerchen sind Frühaufsteher, Eulen bleiben abends länger fit. Wie stark innere Uhren das Leben auf der Erde strukturieren und was Forscher in den letzten Jahren über biologische Uhrwerke herausfanden, zeigt Peter Spork mit anschaulichen und kuriosen Beispielen. Fast nebenbei entdeckt der Leser eine völlig neue Seite von sich selbst.

Peter Spork, Jahrgang 1965, ist Biologe und promovierter Neurophysiologe. Seit 1991 arbeitet er als Wissenschaftsjournalist und schreibt u. a. für die «Zeit», den Zürcher «Tages-Anzeiger», die «Frankfurter Rundschau» und «Bild der Wissenschaft». Er lebt mit seiner Familie in Hamburg. Bei rororo bereits erschienen: «Das Schnarchbuch» (61155).

Peter Spork

Das Uhrwerk der Natur

Chronobiologie – Leben mit der Zeit

Rowohlt Taschenbuch Verlag

rororo science

Lektorat Angelika Mette

Originalausgabe
Veröffentlicht im Rowohlt Taschenbuch Verlag,
Reinbek bei Hamburg, August 2004
Copyright © 2004 by Rowohlt Verlag GmbH,
Reinbek bei Hamburg
Fachliche Beratung der Reihe Eva Ruhnau,
Humanwissenschaftliches Zentrum,
Ludwig-Maximilians-Universität, München
Redaktion Astrid Grabow
Umschlaggestaltung any.way, Barbara Hanke
Abbildungen auf den Seiten 103, 105, 126 von
Daniel Sauthoff, Hamburg
(Foto: © Royalty-Free/Corbis, Photonica)
Satz aus der Adobe Garamond PostScript, PageMaker, bei
Pinkuin Satz und Datentechnik, Berlin
Druck und Bindung Clausen & Bosse, Leck
Printed in Germany
ISBN 3 499 61665 3

Inhalt

Vorwort

Leben ist Rhythmus. Leben ist Musik. Die Erde ist durchdrungen vom Lauf der Planeten, der die Zeit in Jahre, Monate und Tage teilt. Seine Takte vorauszuahnen, ist für Organismen ein unschätzbarer Vorteil, sodass fast jedes Wesen sein physiologisches Geschehen einem zyklischen Muster unterwirft. Es hilft, bei Sonnenaufgang schon aktiv zu sein oder vor dem ersten Frost in Winterschlaf zu fallen. Und natürlich folgt auch der Mensch unbewusst den Rhythmen seiner unzähligen inneren Uhren, die allesamt verbunden sind zu einem hochkomplexen Räderwerk des Zeitgefühls.

Chronobiologen erkunden, wie, wo und warum das Uhrwerk der Natur so tickt, wie es tickt. Ihre lawinenartig angewachsenen Erkenntnisse begreifen heißt sein Leben ändern: zu bestimmten Zeiten bewusst das Tageslicht suchen, es in anderen Momenten vielleicht meiden, mit Jetlag umgehen lernen, seine Neigung zum Langschläfer verstehen und ihr sinnvoll nachgeben oder Kindern den Schulalltag erleichtern. Selbst die Medizin profitiert: Neue Therapien entstehen, die den Faktor Zeit einbeziehen. Krankheiten werden als Störungen des chronobiologischen Systems erkannt.

Chronoforscher haben allen Grund, selbstbewusster zu werden. Im Herbst 2003 trafen sie sich zum ersten Weltkongress für Chronobiologie in Sapporo, Japan. Die Zeit war reif. Und sie ist auch reif für dieses Buch, das die enorme Vielschichtigkeit des Lebens mit der Zeit zusammenfasst – vom Einzeller bis zum Menschen, vom Sekundenbruchteil einer Nervenerregung bis zur Jahrzehnte taktenden Lebensuhr.

Kapitel 1

Erkenntnis aus der Isolation –
wie die Biologen auf die Zeit kamen

Was die deutschen Physiologen Jürgen Aschoff und Rütger Wever Mitte der 1960er Jahre tief in den Berg unterhalb ihrer Institutsgebäude im bayrischen Andechs hauen ließen, hielten auch wohlmeinende Zeitgenossen anfangs für eine Art Folterkammer. Drei Räume, abgeschirmt durch meterdicke Mauern, voneinander getrennt durch je zwei schalldichte, als Schleusen wirkende Türen, versorgt über unabhängige, niemals schwankende Strom- und Wassernetze, angenehm, aber immer gleich bleibend temperiert durch Klimaanlagen, bildeten ein unterirdisches Versuchsareal, das nicht von ungefähr den Namen Bunker verpasst bekam.

Die beiden hinteren Räume waren mit allem ausgestattet, was ein Mensch zum Leben braucht: Bett, Tisch, Stuhl, Regal, Heimtrainer, Küche und Bad. Sie waren über den vorderen Raum erreichbar, der wiederum alles enthielt, was ein Verhaltensforscher damals zum Forschen brauchte: Schreiber, die mehr oder weniger heftig über dicke Papierrollen kratzten, elektronische Geräte mit einer Reihe verschiedenfarbiger, gelegentlich blinkender Kontrolllämpchen, Laborbücher und wenig Platz.

Fast immer lief gerade ein Experiment. Das Papier der Schreiber wickelte sich dann langsam, aber unentwegt ab, maß gleichmäßig den Gang der Zeit und protokollierte bis ins letzte Detail, was in den beiden anderen Räumen geschah: Matratzenbewegungen, das An- und Ausgehen der Beleuchtung, das Betätigen der Kochplatten oder das Drücken verschiedener Knöpfe, die zum Beispiel den Gang zur Toilette oder den Beginn einer Mahlzeit anzeigten.

In den Versuchsräumen fehlte alles, was die Zeit auch nur andeutungsweise takten konnte: Uhren, Fernseher, Radios, Tageslicht, Lärmquellen, Telefon, die morgendliche Zeitung, frische Frühstücksbrötchen und Besuche. Bis auf eines: der Mensch. Was nämlich in den berühmt gewordenen Andechser Bunkerexperimenten bewiesen wurde, war, dass der Mensch eine biologische Uhr besitzt. Dem von ihr erzeugten Tagesrhythmus sind unzählige unserer Körperfunktionen unterworfen.

Leben im Bunker

Letztlich raubten Aschoff und Wever ihren Testpersonen den Zugang zur äußeren Zeit, um herauszufinden, ob sie ein inneres Gespür für Tag und Nacht besaßen. Dass sie ihre Probanden dabei keineswegs folterten, darauf legten sie größten Wert. Knapp 30 Jahre zuvor hatten der amerikanische Schlafforscher Nathaniel Kleitman und Kollegen bereits unbeschadet für eine Woche isoliert in einer Höhle gelebt. Aschoff selbst hatte sich dem Experiment in einem Probe-Bunker schon 1961 für neun Tage gestellt und dabei vermutlich als einer der Ersten registriert, dass das Leben ohne Zeitdruck durchaus schöne Seiten hat. Viele der Bunkerbewohner, die im Allgemeinen vier Wochen isoliert waren, äußerten sich im

Nachhinein regelrecht begeistert über die intensive Erfahrung. Und dass ein Proband den Versuch abbrach, indem er den nie verschlossenen Bunker verließ, kam nur selten vor.

Jürgen Zulley, prominenter Schlafforscher an der Universität Regensburg, der ab 1974 viele Andechser Experimente begleitete, schreibt in seinem Buch *Unsere Innere Uhr*: «Von 1964 bis 1989 lebten 447 Versuchspersonen jeweils eine gewisse Zeit im Bunker und nahmen an 412 chronobiologischen Untersuchungen teil. 211 der Versuchspersonen lebten mehrere Wochen ohne Zeitinformation; dabei werden Schlafen und Wachen nicht mehr von außen koordiniert, sondern die Versuchsperson entscheidet autonom, wann sie was tut. Damit laufen Schlafen und Wachen ‹frei›, und folgerichtig nannten wir diese Versuche ‹Freilaufversuche›. Alle Versuchspersonen nahmen freiwillig teil.»

Die ersten Resultate, die noch aus den Vorversuchen stammten, publizierten Aschoff und Wever 1962. Schon damals waren sie überzeugt, dass es eine «Spontanperiodik des Menschen bei Ausschluss aller Zeitgeber» gibt, so der Titel der Arbeit. Wissenschaftler in aller Welt ahmten die Experimente nach, isolierten sich bis zu sechs Monate in Versuchskammern oder tief unter der Erde gelegenen Höhlen. Noch heute gibt es ähnliche Isolationsexperimente an vielen Orten der Welt. Dort wird vermehrt nach Details geforscht. Denn die Grundlage dessen, was man über die innere Uhr des Menschen weiß, ist zumindest in groben Zügen seit den Andechser Versuchen bekannt.

Der auffälligste Tagesrhythmus des Menschen ist der Schlaf-Wach-Zyklus. Dass er von der biologischen Uhr gesteuert wird, erkannten die Wissenschaftler schnell. Denn auch ohne

Tagesschau und Wecker gingen die Menschen im Bunker irgendwann zu Bett und standen wieder auf. Sie schliefen in der Regel acht Stunden, also ein Drittel der Tageszeit, zwei Drittel blieben sie wach. Und doch stimmte der innere Takt der Versuchsteilnehmer nicht exakt mit der wahren Zeit überein. Genau besehen, wachten die meisten von ihnen jeden Tag ein wenig später auf, als ginge ihre Uhr leicht nach.

Dass wir im normalen Leben der Vorgabe der Umwelt folgen, ist auf die Vielzahl äußerer Eindrücke zurückzuführen, die unsere Uhr kontinuierlich und unbemerkt nachjustieren: klingelnde Wecker, Morgen- und Abenddämmerungen, das Duften der Kaffeemaschine, die Verabredung zum Kartenspielen, an- und abschwellender Verkehrslärm, das Zwitschern der Vögel, das Löschen des Lichts bei den Nachbarn und, und, und …

Im Bunker war alles anders: Der durchschnittliche Proband hatte eine «frei laufende Tagesperiodik» von 25 Stunden, das heißt, er schlief regelmäßig eine Stunde länger in den nächsten Tag hinein. Nach zwölf Tagen deckte sich seine Wachphase mit der Nacht der Außenwelt. Und nach 24 Tagen hatte er einen ganzen Tag weniger gelebt als der Rest der Menschheit. Weil die Probanden selbstverständlich nachrechneten, wie viele Tage sie im Bunker zu sein glaubten, und wussten, dass das Experiment nach beispielsweise 31 Tagen vorüber sein sollte, waren sie immer wieder überrascht, wenn ihnen die Freiheit zu einem vermeintlich früheren Zeitpunkt geschenkt wurde. Zulley erinnert sich an eine besonders entsetzte Versuchsperson: «Sie hatte gerade gefrühstückt, da kündigten wir ihr unseren Besuch an. Daraufhin fragte sie ganz

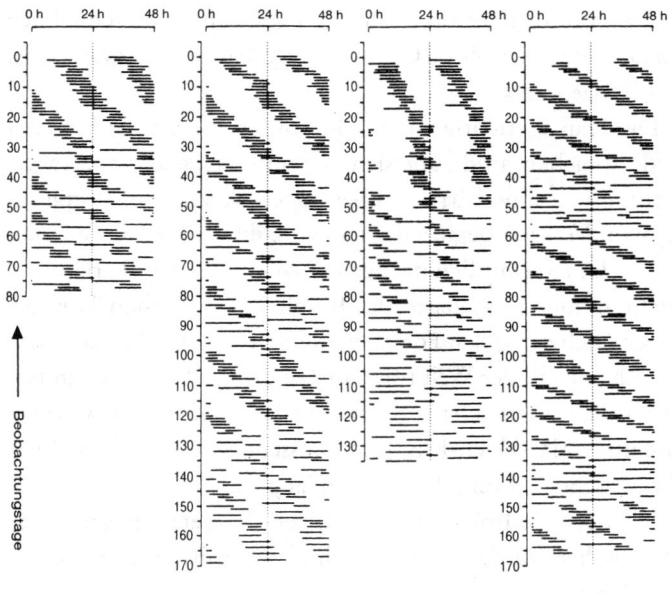

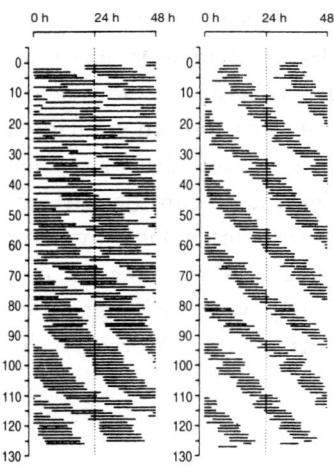

Sechs Männer, die drei bis sechs Monate ohne äußere Einflüsse in einem Bunker oder in Höhlen lebten, hatten für die meiste Zeit ihrer Isolation einen Schlaf-Wach-Rhythmus von etwas mehr als 24 Stunden. Die schwarzen Balken zeigen die Schlafphasen. Jede Zeile geht über zwei Versuchstage. Jeder Tag ist zunächst in der rechten Spur dargestellt und wird eine Zeile tiefer links wiederholt. Bei einem exakten 24-Stunden-Rhythmus würden die Balken genau untereinander liegen.

Leben im Bunker

gefasst, ob irgendetwas Schlimmes geschehen sei, schließlich sei doch der sechzehnte Oktober vereinbart, und heute sei erst der fünfzehnte.»

Die Frau sei richtig wütend geworden, als ihr die Forscher widersprachen, und habe sich erst durch eine aktuelle Tageszeitung von ihrem Irrtum überzeugen lassen. Die Testpersonen vor Versuchsbeginn darüber aufzuklären, dass ihre biologische Uhr vermutlich nachgehen wird, kam für die Biologen nicht infrage. Das hätte die Resultate verfälschen können. Doch auch die vielen Forscher, die sich in den folgenden Jahren überall auf der Welt für zum Teil extrem lange Zeit in Isolationskammern oder Höhlen begaben und sicher wussten, wie ihr Schlaf-Wach-Rhythmus aussehen würde, lebten Tage, die zwischen 24 und 26 Stunden lang waren.

Je länger die Isolation der mutigen Pioniere dauerte, desto chaotischer wurde meist ihr Schlaf-Wach-Rhythmus. Schon bei den vierwöchigen Experimenten in Andechs konnte es passieren, dass sich gegen Ende des Versuchs verkürzte oder verlängerte Zyklen einstreuten. Bei den mehrere Monate währenden Tests war dies die Regel. Gelegentlich wichen die Rhythmen sogar von einem Tag auf den anderen dramatisch von den vorher gelebten knapp über 24 Stunden währenden Zyklen ab. Die Probanden schliefen dann zum Beispiel nur noch alle 33 Stunden oder verkürzten ihren Tagesrhythmus auf 17 Stunden. Schon früh tauchte die Vermutung auf, dass hier die womöglich vererbte Neigung mancher Zeitgenossen zum Durchbruch kam, Nachtmensch oder Morgentyp zu sein.

Die Temperatur-Uhr

Aschoff und Wever beließen es indes nicht bei der Analyse des Schlaf-Wach-Rhythmus. Die Bunkerbewohner mussten regelmäßig Konzentrations-, Stimmungs- und Leistungstests absolvieren und mit einem «rektalen Temperaturfühler» leben. Ein kleines Thermometer steckte in ihrem Allerwertesten und war über ein langes Kabel mit einer Steckdose an der Decke verbunden. Die meist nur anfangs als unangenehm empfundene Prozedur erwies sich als Segen für die Wissenschaft. Zwar war bereits bekannt, dass die Körpertemperatur des Menschen im Tagesablauf schwankt, nachts ein Minimum bei etwa 36,5 Grad Celsius und tags ein ungefähr um ein Grad höheres Maximum erreicht. Nicht belegt war jedoch, dass auch dieser physiologische Prozess von einer eigenen biologischen Uhr gesteuert wird.

Zu Beginn ihrer Isolation folgte der Temperaturverlauf der Versuchspersonen dem Schlaf-Wach-Zyklus. Er pendelte ebenfalls im Bereich von etwa 25 Stunden mit einem Tiefpunkt während des Schlafs und einem Höhepunkt während der Wachzeit. Wandelte sich aber das Schlafverhalten der Bunkerbewohner, zog ihre Temperatur nicht mit. Egal ob der Schlafrhythmus sich verkürzte, verlängerte oder unregelmäßig wurde – die Körpertemperatur schwang stur im knappen 25-Stunden-Rhythmus weiter. Damit war klar, es gibt mindestens zwei biologische Rhythmen des Menschen: «Der eine reguliert Stoffwechsel und Energiehaushalt des Organismus. Er gibt sich in tageszeitlichen Variationen der Körpertemperatur zu erkennen. Der andere bestimmt das Schlaf-Wach-Verhalten», fasst Alfred Meier-Koll, bis 1997 Professor für

Physiologische Psychologie an der Universität Konstanz, zusammen.

Beide Uhren scheinen aneinander gekoppelt zu sein, weshalb sie meist im Gleichklang schwingen. Unter den extremen Bedingungen des Bunkerlebens lösen sie sich jedoch manchmal voneinander, und jede folgt ihrem eigenen Rhythmus. Die Temperatur-Uhr ist dabei wesentlich stabiler als das Pendel der Schlaf-Wach-Steuerung.

Eine solche «interne Desynchronisation», wie Experten das Phänomen nennen, ist nicht gerade angenehm. Wer schon einmal eine «externe Desynchronisation» erlebte, also einen Jetlag hatte oder Nachtschicht schieben musste, weiß, wie mühsam es ist, während des körperlichen Leistungstiefs wach zu sein. In den Andechser Versuchen waren die aus dem rhythmischen Gleichklang geratenen Menschen zwar ausgeschlafen, wenn ihre Körpertemperatur sich am Tiefpunkt befand, sie waren aber dennoch unausgeglichener und weniger belastbar als sonst. Heute ist sogar bekannt, dass die Rhythmen mancher Menschen auch ohne Isolation oder Flugreisen auseinander driften. Depressionen, Schlafstörungen und vermutlich sogar ernsthafte Stoffwechselkrankheiten können die Folge sein.

Wendung ohne Sonne

Im Jahre 1729 publizierte der französische Astronom Jean-Jacques d'Ortous de Mairan seine «Observation Botanique» im Organ der königlichen Akademie der Wissenschaften zu Paris. Kurz und bündig berichtete er auf zwei Seiten über nichts Geringeres als den ersten Beleg für die Existenz biologischer Uhren überhaupt. Der Gelehrte hatte herausfinden wollen, wohin sich die Sonnenwende ohne Sonne wendet, und verbannte das Kraut, das für seine dem Licht folgenden Blattbewegungen bekannt ist, in dauerhafte Dunkelheit. Was er dann protokollierte, dürfte ihn selbst am allermeisten verwundert haben: Ohne jede Information über den tatsächlichen Sonnenstand öffnete die Pflanze weiterhin morgens ihre Blätter, um sie am Abend zu verschließen – wochenlang und ganz so, als stünde sie nach wie vor im lichtdurchfluteten Garten des Astronomen.

Was, wenn nicht ein unabhängiger, den Pflanzen innewohnender Zeitmesser kann festlegen, in welchem Rhythmus sich die Blätter bewegen?, fragte der Forscher völlig zu Recht. Und ebenso völlig zu Recht gilt de Mairan heute als der Entdecker eines grundlegenden Phänomens des Lebens: der Fähigkeit von Organismen, die Zeit zu messen, sich mit Hilfe innerer Uhren auf Sonnenauf- und -untergänge vorzubereiten, sich mit anderen Lebewesen pünktlich zu verabreden und ganz allgemein im Einklang mit den Rhythmen der Natur zu leben.

Wie wichtig die Wissenschaft ist, die der französische Astronom damals lostrat, begriffen die Menschen aber erst in der modernen Zeit. Heute, wo die 24-Stunden-Gesellschaft, elektrisches Licht, Fernreisen und Schichtarbeit ein Leben im Einklang mit den physikalischen Tagen, Nächten und Jahren immer mehr erschweren, wo sich der Mensch des Zugangs zu den Rhythmen der Natur zunehmend beraubt, wird klar, welche fatalen Folgen ein Leben gegen die Zeit haben kann. Heute weiß man, dass in jedem Menschen viele Uhren ticken und dass es gefährlich werden kann, wenn sie gegeneinander laufen oder man ihre Signale ignoriert. So kann die Lehre von den inneren Rhythmen – die absolut gar nichts mit der Scharlatanerie der starren, per Geburtsdatum festgelegten Biorhythmik zu tun hat – helfen, Krankheiten zu heilen oder zu verhindern. Sie kann dazu beitragen, das Arbeitsleben vernünftiger zu organisieren, das Lernen zu erleichtern oder einfach mehr Verständnis für die Umwelt zu entwickeln.

Die Zeitgenossen von de Mairan ahnten davon nichts. Erst 30 Jahre später wiederholte der Biologe Henri-Louis Duhamel du Monceau das Experiment. Er zeigte zudem, dass es sogar in einem gleichmäßig beheizten Raum funktionierte. Temperaturschwankungen schienen die Blattbewegungen also auch nicht auszulösen. Im 19. Jahrhundert machte der Schweizer Botaniker Alphonse de Candolle weitere Experimente mit Mimosen und das Rätsel um die innere Uhr noch ein wenig komplizierter. Jeden Morgen klappten die sensiblen Fiedern ein wenig früher auf als am Tag zuvor. Doch auch zu de Candolles Zeiten behielten die Zweifler die Oberhand: Dass die Pflanzen ein eigenes Zeitgefühl haben, war für sie schon unglaubwürdig genug, dass dieses nun auch noch vorgehen sollte, schien ihnen geradezu lächerlich.

Es war indes kein Geringerer als der Begründer der Evolutionstheorie, Charles Darwin, der 1880 aus eigenen Experimenten und theoretischen Überlegungen schloss, dass die Blattbewegungen tatsächlich einem angeborenen Zeitschema gehorchen, das auch ohne äußere Reize weiterläuft. Eine Mimose, die sich dank eigener Uhr womöglich schon vor den ersten physikalischen Anzeichen auf den kommenden Tag vorbereitet, sei im Vorteil gegenüber stur reagierenden Artgenossen, behauptete Darwin. Ihre Nachkommen setzten sich im Sinne seiner Evolutionstheorie langfristig durch. Auch – oder sogar gerade dann – wenn die Pflanzenuhr ein wenig vorgehe.

Die Biologenzunft ließ sich nicht beeindrucken. Bis kurz vor den Andechser Bunkerexperimenten glaubte die Mehrheit der Naturwissenschaftler, dass Lebewesen sich nur deshalb rhythmisch verhalten, weil sie auf Signale ihrer Umwelt reagieren. Wer das bezweifle, habe nur noch nicht die entscheidenden Reize entdeckt.

Heute weiß man, dass dies nur die halbe Wahrheit ist: Zwar reagieren fast alle Organismen gezielt auf die täglichen Wechsel in ihrer Umgebung. Doch darüber hinaus besitzen sie biologische Pendel, die auf molekularer Ebene auf und ab schwingen, sie unentwegt und unauffällig vorausschauend handeln lassen und ihnen auch dann sagen, welcher Tagesordnungspunkt an der Reihe ist, wenn äußere Reize ausbleiben. Erst in der Mitte des 20. Jahrhunderts setzte sich die Erkenntnis durch, dass all die unzähligen periodischen Lebensvorgänge, über die bis dato eher anekdotisch berichtet wurde, von physiologischen Uhren oder gar Kalendern gesteuert werden.

Seitdem widmet sich dem Phänomen ein eigener Forschungszweig: die Chronobiologie. Sie ist eine der expandierendsten Wissenschaften, und inzwischen häufen sich die Publikationen in den angesehenen Magazinen, etwa dem britischen Journal *Nature* oder dem US-amerikanischen Fachblatt *Science*, die ein weiteres Stück zur Lösung des noch immer großen Rätsels biologischer Zeitmessung beitragen.

Blumenuhr und Vogelkalender

Wenn die Kelabits wissen wollen, welcher Monat gerade ist, schauen sie zum Himmel. Weil bei ihnen so viele verschiedene Zugvögel leben, kamen die Bewohner von Sarawak in Borneo einst auf die Idee, die Jahreszeit per Vogelkalender zu bestimmen. Das funktioniert, weil jedes Jahr zur gleichen Zeit die gleichen Vögel wiederkehren.

Zur Perfektion entwickelte dieses Prinzip der natürlichen Zeitmessung vor 250 Jahren der berühmte schwedische Botaniker und Taxonom Carl von Linné, auch Linnaeus genannt. Weil er beobachtete, dass sich die Blüten einzelner Pflanzenarten immer zur gleichen Tageszeit öffnen, dass die Öffnungszeiten der verschiedenen Arten aber sehr unterschiedlich sein können, legte Linné die erste Blumenuhr an. Von sechs Uhr morgens bis sechs Uhr abends genügte ihm von da an ein kurzer Gang in den Garten, um die Tageszeit zu bestimmen. War die Weiße Seerose bereits offen, das Johanniskraut aber noch nicht, musste es etwa sechs Uhr morgens sein, öffnete sich gerade die Ringelblume, war es schon neun, schloss sie sich hingegen, war es Mittagessenszeit. Das Schließen der Roten Bibernelle gegen zwei Uhr mittags konnte Linné als Siesta-Signal nutzen, während sich die Nachtkerze immer zwischen fünf und sechs Uhr abends öffnete und den akribischen Forscher dazu ermahnte, sein Tagwerk abzuschließen.

So viel natürliche Genauigkeit empfindet man zurückblickend als überdeutliches Indiz für innere Uhren. Doch die wenigen Biologen, die das bemerkten, fanden kaum Gehör. Erst vor rund 100 Jahren wurden sie hartnäckiger. Und ihre Resultate immer überzeugender: 1906 gaben S. Simpson und

Historische Darstellung einer Blumenuhr nach Linnaeus.

J. J. Galbraith bekannt, dass die Körpertemperatur von Affen in gleich bleibender Umgebung auf täglich wiederkehrende Art schwankt. Und die biologischen Zeitmesser scheinen sogar das Verhalten von Tieren zu beeinflussen, entdeckte der amerikanische Biopsychologe Curt Richter 1922. Er zeigte, dass Ratten ihre immer zur gleichen Nachtzeit auftretenden Aktivitätsschübe ohne äußeren Auslöser beibehalten.

Richters Kollege Maynard Johnson folgerte 1939 aus ähnlichen Experimenten mit Mäusen: «Die aktive Phase ereignet sich nachts, kann aber in andauernder Dunkelheit an jede beliebige Tages- oder Nachtzeit verschoben werden. Das zeigt, dass sie unabhängig ist von irgendeiner bislang nicht entdeckten oder nicht kontrollierten Variablen aus der Umwelt.»

Eines der deutlichsten Indizien für die Existenz biologischer Uhren lieferten 1929 – ohne es zu ahnen – der angesehene deutsche Verhaltensforscher Karl von Frisch und seine Kollegin Ingeborg Beling. Sie gaben Bienen immer nachmittags an einem bestimmten Ort Futter und registrierten erfreut, dass die Insekten sich den Zeitpunkt merken konnten: Nur zur trainierten Zeit kehrten die Nektarsammler an den Futterplatz zurück und suchten dort auch dann noch nach Nahrung, als schon länger keine mehr geboten wurde.

Auch die ersten schlüssigen Hinweise auf die Existenz eines inneren Jahreskalenders stammen aus dieser Zeit. Der deutsche Pflanzenphysiologe Erwin Bünning entwarf in den 1930er Jahren ein Modell, demzufolge Pflanzen mit Hilfe einer physiologischen Uhr, die die Tageslänge abschätzt, bestimmen können, ob Tage kürzer oder länger werden. Mit dieser Information wüssten die Pflanzen auch über die Jahreszeit Bescheid und könnten zur rechten Zeit austreiben, blühen oder sich auf den Winter vorbereiten, so Bünning, der mit dieser These Recht behalten sollte.

Der kanadische Ornithologe William Rowan klärte ein ähnliches Prinzip bei Vögeln auf: Im Winter des Jahres 1925 simulierte er so genannten Junkos, mit Spatzen verwandten Zugvögeln, künstlich wachsende Tageslängen, wie sie eigentlich erst im Frühjahr auftreten. Die Tiere reagierten, als sei die Zeit tatsächlich reif. Männliche Vögel begannen zu singen, und ihre inneren Geschlechtsorgane wuchsen. Alle Tiere speicherten Fett, um sich auf den Kraft raubenden Flug ins Sommerquartier vorzubereiten, und zogen schließlich los – obgleich es in Wahrheit noch tiefer Winter war. Damit belegte Rowan letztlich zwar nur, dass die Tageslänge ein wichtiges Jahreszeitensignal für Zugvögel ist, doch er dachte weiter: Jene Vögel, die im Norden brüten und am Äquator überwintern, an dem die Tageslänge rund ums Jahr gleich bleibt, könnten nur zur rechten Zeit zurückfinden, wenn «ein interner Faktor involviert ist, ein physiologischer Rhythmus», der ihnen trotz der ausbleibenden Information über länger werdende Tage verrät, dass hoch im Norden bald der Frühling ausbricht.

Die Geburt der Chronobiologie

Den Durchbruch schaffte die Lehre von der inneren Uhr aber erst in den 50er und 60er Jahren des letzten Jahrhunderts. Der deutsche Verhaltensforscher Gustav Kramer hatte 1952 nachgewiesen, dass Stare sich während ihrer Wanderung am Sonnenstand orientieren und dabei sogar die kontinuierliche Bewegung des Himmelskörpers ausgleichen. Daraus folgerte er, dass die Tiere für diese Leistung «eine biologische Uhr» besitzen müssten, und prägte damit den bis heute gängigen Begriff für die physiologische Zeitmessung.

Sein Kollege Klaus Hoffmann zeigte anschließend, dass die Uhr von Eidechsen auch dann vernünftig tickt, wenn sie in ihrem Leben nie einen echten Tag gesehen haben, und dass sie sich anpasst, wenn die Tiere an einen Ort mit Tag-Nacht-Wechsel versetzt werden. Der Nachweis solcher Eigenschaften – die Fähigkeit einer inneren Uhr, ohne äußere Reize und ohne Anstoß weiterzulaufen, sich gleichzeitig aber flexibel an Änderungen der Umwelt anzupassen – sollte wenig später zum festen Bestandteil der neu gegründeten Wissenschaft zur Erforschung der biologischen Uhren werden.

1960 trafen sich etwa 150 der weltweit verstreuten Erforscher physiologischer Zeitmesser zum ersten internationalen Symposium über biologische Rhythmen in Cold Spring Harbor im US-amerikanischen Bundesstaat New York. Zwar stritten sie auch dort noch darüber, ob die beobachteten Rhythmen tatsächlich im Inneren der Lebewesen generiert werden. Doch war die gewaltig angewachsene Datenmenge aus dem gesamten Tier- und Pflanzenreich mittlerweile so überzeugend, dass die meisten Skeptiker klein beigaben.

In dieser Zeit – und nicht zuletzt in Cold Spring Harbor selbst – erarbeiteten die Forscher eine Basis aus Regeln, Prüfsteinen und Konzepten, mit deren Hilfe sie in Zukunft gezielt die Mechanismen der biologischen Rhythmen und ihre Verbreitung analysieren wollten. Sie prägten Fachbegriffe wie *zirkadian* für periodische Abläufe, die sich ungefähr (lateinisch: *circa*) jeden Tag (*dies*) wiederholen. Nach dem gleichen Strickmuster entstanden die Begriffe *zirkalunar* für Perioden, die in etwa dem Mondzyklus folgen, und *zirkannual* für ungefähre Jahresrhythmen. Der deutsche Ausdruck *Zeitgeber* fand als chronobiologischer Terminus sogar Eingang in die englische Sprache. Er beschreibt ein Signal, das die biologischen Uhren nachstellt, ihnen also hilft, die eigene, immer etwas ungenau gehende Periodizität exakt dem tatsächlichen äußeren Rhythmus anzugleichen.

Dem Einfluss solcher Zeitgeber, etwa dem Sonnenaufgang, verdanken es die Mimosen, dass sie ihre Blätter tagtäglich kurz vor Morgengrauen öffnen, obwohl ihre Uhr auf sich selbst gestellt leicht vorgeht. Und auch die Tiere könnten sich ohne Zeitgeber nicht an einen Ort gewöhnen, an dem die Sonne zur ungewohnten Zeit aufgeht. Selbst der Mensch müsste nach einer Reise etwa von Asien nach Europa im dauerhaften Jetlag leben – ohne Aussicht auf Erholung.

Neben Colin Pittendrigh, einem Biologen aus Princeton, USA, und dem Pionier der Erforschung innerer Pflanzenrhythmen, Erwin Bünning, brillierte in dieser Zeit ein weiterer deutscher Physiologe: Jürgen Aschoff, der Vater der Bunkerexperimente. Die drei gelten bis heute als das «Triumvirat der Chronobiologie» und haben den Großteil des Fundaments der jungen Wissenschaft eigenhändig gegossen. Seit 1958 war Aschoff einer der Direktoren am Max-Planck-Institut für Verhaltensphysiologie nahe des Starnberger Sees in Andechs und Seewiesen. In seinen Laboratorien, rings um ein schlossartiges Haus bei Andechs gelegen, lernten viele der Wissenschaftler, die auch heute noch zur Erforschung biologischer Rhythmen entscheidend beitragen. Renommierte Kollegen aus aller Welt schauten als Gäste vorbei. «Andechs wurde das Mekka der Chronobiologen», erinnert sich der Inder Maroli Chandrashekaran in seinem Nachruf auf Aschoff, der 1998 im Alter von 85 Jahren starb.

Kein Leben ohne Uhr

In Andechs wurden nicht nur Menschen untersucht, sondern auch Vögel, Ratten, Eidechsen, Hamster, Affen und viele Tiere mehr. Sie sollten so viel wie möglich über ihre biologischen Zeitmesser verraten. Die Forscher fragten, wie sich innere Uhren unbeeinflusst verhalten und wie sie gebaut sind. Sie wollten wissen, was genau sie mit der Außenwelt synchronisiert, wie diese Anpassung funktioniert und welche Lebensabläufe von innen heraus getaktet werden. Und sie wollten herausfinden, welche Organismen überhaupt biologische Uhren besitzen.

In diesen Jahren war die globale Gemeinde der Chronobiologen noch klein, doch sie bekam Zulauf aus vielen verschiedenen Fachgebieten: Verhaltensforscher entdeckten, dass ein Experiment zu verschiedenen Tageszeiten unterschiedliche Ergebnisse bringt. Endokrinologen stellten die Frage, wieso Tiere Hormone im Tages- oder Jahresrhythmus regulieren. Physiologen interessierten sich für die rhythmischen Schwankungen des Stoffwechsels. Mathematiker begeisterten sich für Algorithmen, die das Zusammenspiel von Oszillatoren berechnen und die Experimente der Biologen simulieren konnten. Später kamen Molekularbiologen, Neurowissenschaftler und Genetiker hinzu, um Sitz, Bau und Funktion der Zeitmesser detailliert aufzuklären.

An immer mehr Zentren etablierte sich die neue Wissenschaft. Die Datenmenge wuchs zügig an. Bald war klar: Fast überall, wo Forscher nach einer physiologischen Uhr suchten, fanden sie sie auch. Das Pantoffeltierchen fühlt sich zum Beispiel nicht zu jeder Tageszeit gleich stark vom Licht angezogen. Und ein anderer Einzeller, die zum Meeresleuchten beitragende Leuchtalge *Gonyaulax*, setzt ihren tagesperiodischen Aktivitätszyklus auch in totaler Isolation unbeirrt fort. Als sei nichts geschehen, glüht sie täglich kurz vor Mitternacht für fast zwei Stunden besonders stark und sendet je nach Tageszeit unterschiedlich heftige Leuchtblitze aus.

Sogar der Schlauchpilz *Neurospora*, allen Nicht-Fungologen eher als Brotschimmel denn als biologisches Versuchsobjekt vertraut, tickt nach einem inneren Pendel. Zwar streckt er sich kontinuierlich in die Länge, doch seine Sporen tragenden Auswüchse, mit denen er sich ungeschlechtlich vermehrt, gedeihen nur dann, wenn seine Uhr ihm die Erlaubnis gibt: von der späten Nacht bis in den frühen Morgen hinein.

Natürlich sind auch die anderen Mehrzeller im Besitz biologischer Uhren: Pflanzen steuern damit nicht nur Blatt- und Blütenbewegungen, sondern auch das Öffnen und Schließen der Spaltöffnungen in der Blattoberfläche, die Bewegung der Chloroplasten, also der Licht verarbeitenden Zellbestandteile, und eine Reihe wichtiger Stoffwechselvorgänge wie die Photosynthese-Aktivität und die nächtliche Speicherung von Kohlendioxid. Viele nachtaktive Tiere wissen im Vorhinein, wann die Abenddämmerung kommt, selbst wenn sie in dunklen Höhlen den Tag verbringen. Und viele tagaktive Tiere machen per Programm Mittagspause, weil sie der größten Hitze entgehen wollen. Oder sie bereiten sich exakt dann auf die Jagd vor, wenn in absehbarer Zeit ihre Beute zahlreich unterwegs sein wird.

Auch bei Fruchtfliegen regelt die innere Uhr den zyklischen Wechsel aus Aktivitäts- und Ruhephasen. Besonders beeindruckend: Die Insekten schlüpfen dank eigener Tagesrhythmik immer nur im Morgengrauen aus der Puppe, die in der Erde eingegraben ist. Dieser Zeitpunkt ist ideal, denn die Erde ist noch feucht, es ist nicht zu kalt, und es sind nur wenige hungrige Insektenjäger unterwegs. Mit der Beobachtung dieses Verhaltens konnte Colin Pittendrigh schon 1954 eines der wichtigen Gesetze der Chronobiologie nachweisen: Er entdeckte, dass die Fliegen auch unabhängig von der experimentell veränderten Außentemperatur immer zur gleichen Zeit schlüpfen. Die biologische Uhr lässt sich also, anders als die meisten physiologischen Abläufe, kaum durch Wärme beschleunigen oder Kälte verlangsamen. Erst diese Temperaturunabhängigkeit macht sie tatsächlich zu einem ernst zu nehmenden Zeitmesser. Denn was taugt zum Beispiel eine Armbanduhr, die bei Temperaturanstieg plötzlich schneller geht?

Pittendrighs Experiment ist auch aus einem anderen Grund erwähnenswert: Es verdeutlicht, dass die biologische Rhythmik nicht nur täglich wiederkehrende Abläufe steuert, sondern auch Zeitfenster für Entwicklungsschritte öffnet, die nur einmal im Leben ablaufen. So fanden die Forscher bei vielen Einzellern heraus, dass sie sich zu einer bestimmten Tageszeit bevorzugt teilen. Sie wiesen nach, dass Säugetiere meist nachts geboren werden und dass manche Tiere oder Pflanzen ganz gezielt nach einer festgelegten Zahl von Tagen oder sogar Jahren erwachsen werden oder blühen, um sich fortzupflanzen und danach zu sterben.

Die meisten Beispiele für innere Uhren fanden die Chronobiologen bei Wirbeltieren: Fische, Vögel, Fledermäuse, Flughörnchen, Wühlmäuse, Ratten, Affen und letztlich sogar der

Mensch teilen ihr Tagwerk auch isoliert in regelmäßige, gleich bleibende Phasen ein. Darüber hinaus fanden die Forscher eine wachsende Zahl innerer Vorgänge, die der Tagesrhythmik folgen: Nicht nur die Körpertemperatur schwankt, auch die Urinproduktion, das Zellwachstum, die Hormonausschüttung, der Blutdruck und so weiter. «In Säugetieren existieren mehr Eigenschaften, die von der Uhr kontrolliert werden, als man sich vorstellen kann», folgert der Molekularbiologe Jay Dunlap, der an der Dartmouth Medical School in Hanover, USA, auf die Erforschung biologischer Zeitmesser spezialisiert ist.

Die theoretischen Überlegungen von William Rowan und Erwin Bünning über einen inneren Jahreskalender der Tiere und Pflanzen konnten experimentell untermauert werden: Erdhörnchen, die mehrere Jahre unter gleich bleibenden Bedingungen gehalten wurden, fielen trotzdem in etwa einjährigen Abständen in Winterschlaf. Und Eberhard Gwinner, Verhaltensforscher und heutiger Leiter des Andechser Instituts, gelang es, afrikanische Schwarzkehlchen mehr als zwölf Jahre ohne Information über die Jahreszeit zu halten. Die Vögel setzten ihren typischen Jahresrhythmus aus Mauser, Hormonschwankung und Wachstum innerer Geschlechtsorgane nahezu gleich bleibend fort.

Lange Zeit dachten die Experten jedoch, nur die höher entwickelten, so genannten Eukaryoten besäßen eine Uhr. An Prokaryoten, also primitiven Einzellern wie Bakterien, die keinen Zellkern haben, sei diese Entwicklung im Laufe der Evolution vorübergegangen. Diese bräuchten aber auch gar keine Uhren, weil sie sich meist nach einigen Stunden teilen und sich so ihre Anzahl in weniger als einem Tag verdoppelt. Ein voreiliges Urteil: 1986 belegten zwei Publikationen über das Cyanobakterium *Synechococcus* auch für diese primitiven Wesen die Existenz unabhängigen tagesrhythmischen Verhaltens. Die Organismen speichern zu bestimmten Tageszeiten deutlich mehr Stickstoff als zu anderen. Auch die Zellteilung findet offensichtlich immer zu einer bevorzugten Tageszeit statt. Und damit nicht genug: Als Forscher verschiedene Gene der Bakterien so manipulierten, dass sie immer dann einen Leuchtstoff produzierten, wenn sie aktiv waren, leuchteten sämtliche Bakterien im gleichen regelmäßigen Tagesrhythmus auf. Nicht nur einzelne Gene, sondern das gesamte Erbgut der Wesen scheint unter eigener chronologischer Kontrolle zu stehen.

Das einzige Lebensreich, in dem bis heute keine biologische Uhr gefunden wurde, sind die urtümlichen Archaebakterien. Weil aber auch die Cyanobakterien zu den ältesten Organismen überhaupt zählen, lässt sich mit Fug und Recht behaupten, dass die erste Uhr fast ebenso alt ist wie das Leben selbst. Vor etwa 3,5 Milliarden Jahren haben die Vorfahren heutiger Cyanobakterien gelebt. Sie vererbten das Zeitmesssystem an ihre Nachfahren, aus denen sich die Vielfalt des heutigen Lebens entwickelte. Im Laufe der folgenden Evolution erfand die Natur neue innere Uhren. «Häufiger als einmal, aber nicht dutzendfach», schätzt Jay Dunlap. Seit kurzem wissen die Chronobiologen sogar, dass die Zeitmessung bei allen Organismen ähnlich funktioniert. Und sie scheint für das Überleben so wichtig zu sein, dass so verschiedene Wesen wie die Maus und die Fruchtfliege, deren Stammbäume immerhin seit 700 Millionen Jahren voneinander unabhängig wachsen, eine Reihe verwandter, am biologischen Uhrwerk beteiligter Gene besitzen. Ihre Uhren gehen also vermutlich auf einen gemeinsamen Vorfahren zurück.

Kapitel 2
Vom Herzschlag bis zum Winterblues –
das Leben ist getaktet

Was ist Zeit? Diese Frage sollte man bloß keinem Physiker stellen. «Der Gedanke, Raum und Zeit müssten so sein, wie sie uns erscheinen, ist Ballast, der abgeworfen werden konnte», schreibt Henning Genz, Professor am Institut für Theoretische Teilchenphysik an der Universität Karlsruhe. Eine der wichtigsten Konsequenzen aus Albert Einsteins Relativitätstheorie sei: «Es gibt kein Naturgesetz, das eine wahrhaftige Zeit vor anderen, gleichberechtigten auszeichnete.» Nur logisch also, dass Physiker heute mehr denn je darüber uneins sind, was Zeit eigentlich ist. Ihre Zeit kann vorwärts oder rückwärts gehen, sie ist dehnbar, kann mal schneller und mal langsamer sein, sie kann den Weg eines bestimmten Systems beschreiben, wenn es sich von der Ordnung zur Unordnung bewegt, oder umgekehrt. «Für uns gläubige Physiker hat die Scheidung zwischen Vergangenheit, Gegenwart und Zukunft nur die Bedeutung einer wenn auch hartnäckigen Illusion», brachte Albert Einstein den Sachverhalt auf den Punkt.

Biologen haben es besser. Für sie entsteht die Zeit – ganz pragmatisch – aus den periodischen Abläufen, die sich das Leben selber schafft, um den unaufhörlichen Fluss der Ereignisse in der Umwelt sinnvoll zu takten. Die Folge sind eine Vielzahl von Rhythmen, mit denen Organismen sich selbst regulieren, auf die Natur reagieren und diese umgekehrt natürlich auch beeinflussen.

Für die Kommunikation innerhalb eines Organismus und zwischen verschiedenen Lebewesen ist es hilfreich, wenn Handlungen oder Signale nicht gleichförmig, konstant und monoton ablaufen, sondern mehr oder weniger stark gepulst auftauchen, oft sogar regelmäßig und zyklisch auf und nieder schwingen. Noch bedeutender für das chronologische Gefüge der Lebewesen ist, dass einige der wichtigsten und dramatischsten Veränderungen in der Umwelt eine zeitlich streng vorhersagbare Folge regelmäßig wiederkehrender astronomischer Ereignisse sind. Die biologischen Uhren sagen diese Ereignisse – Tage, Gezeiten, Mondzyklen und Jahre – vorher und helfen, sich auf sie einzustellen und möglichst perfekt mit ihnen umzugehen.

Die Zeit umhüllt das Leben wie ein Bündel unterschiedlich großer, konzentrischer Kreise, und das Leben selbst entwickelt seine eigenen, spiegelbildlichen Zyklen, damit es sich in der Natur zurechtfindet. Chronobiologe Jay Dunlap formuliert es treffend: «Geburt bis Tod, ein Kreis, und darinnen lauter Kreise innerhalb von Kreisen – zirkannuale Rhythmen, Menstruationszyklen, Halbmondzyklen und tägliche 24-Stunden-Zyklen.»

Im Körper klingt Musik

Eine Melodielinie taucht auf, dann eine zweite. Sie finden sich zu einem kurzen gemeinsamen Thema, laufen aber unerbittlich wieder auseinander. Das Ohr des Zuhörers versucht vergebens zu sortieren, entdeckt neue Rhythmen, um sie sogleich wieder zu verlieren. Die Musik öffnet sich, ein neues Muster entfaltet eine ungewohnte Harmonie, die fasziniert, obwohl sie dem gängigen Hörgefühl zuwiderläuft. Der Pianist scheint inzwischen fünf Hände zu haben – und die unerhörte Fähigkeit, mit jeder einen anderen Rhythmus zu spielen. Es ist der Franzose Pierre-Laurent Aimard, der eine der virtuosen Klavier-Etüden des zeitgenössischen Komponisten György Ligeti meistert.

Das Stück ist darauf angelegt, vom Einfachen ins Hochkomplexe zu führen. Es folgt keinem der gewohnten Taktschemata. Doch warum bewirkt es beim Zuhörer so eine eigenartige Vertrautheit, so ein Gefühl, das alles schon gehört zu haben? Dem Rätsel kommt näher, wer eine der Quellen für Ligetis Inspiration kennt: die Gesänge der Pygmäen. Das zentralafrikanische Volk, das in den Urwäldern des Kongobeckens lebt, besitzt die komplexeste Vokalmusik der Welt. Seit Jahrtausenden singen die Pygmäen bei nahezu allem, was sie tun, und geben ihren reichen Liedschatz von Generation zu Generation weiter. Die Gemeinschaft singt zusammen, doch fast jeder eine eigene, festgelegte Melodie, manche trommeln, andere klatschen. Die Lieder sind polyphon und polyrhythmisch zugleich. Und vermutlich stammen sie aus einer Zeit, als der Mensch ein feineres Gespür für die Natur hatte als heute.

So könnte es sein, dass die Vertrautheit, die Ligetis Musik ausstrahlt, von einer ungeahnten Nähe zur Natur kommt. Ligeti selbst hat über seine Etüden gesagt: «Sie erhalten sich als wachsende Organismen.» So spiegelt diese Musik vielleicht wider, was sich pausenlos in unseren Körpern abspielt, den chaotisch wirren Tanz der Nerven, Muskeln und Organe, die Musik des Lebens.

Da überrascht es nicht mehr, dass sich die Oszillation von Kalzium in einer Leberzelle, wenn sie vertont wird, ähnlich anhört wie polyrhythmische Musik. Und dass die Hirnaktivität eines 10-jährigen Jungen, die anfangs ruhig und ausgeglichen ist, sich aber langsam aufbauscht und schließlich bis zum epileptischen Anfall steigert, übersetzt in Klaviermusik zumindest ansatzweise als moderne Komposition durchgehen könnte. Gerold Baier, Professor für Nichtlineare Dynamik in Cuarnavaca, Mexiko, hat diese Beispiele als Anlage zu seinem Buch *Rhythmik* vertont. Er propagiert die These, dass viele Abläufe des Organismus eine rhythmische Natur haben: der Herzschlag, die Hormonausschüttung, der Stoffwechselaustausch einzelner Zellen, die Übertragung von Informationen in den Nerven und zu den Muskeln. Und dass es der Wissenschaft entscheidend weiterhelfen würde, diese Rhythmen wie Musik zu hören und zu deuten.

Tatsächlich äußert sich das Chronologische des Lebens schon in Zeitabschnitten, die weitaus kürzer sind als der tägliche Schlaf-Wach-Rhythmus oder der alljährliche Wechsel aus Blütezeit und Fruchtwachstum. Fünfmal pro Sekunde schwingen beispielsweise die Thetawellen, die das Gehirn eines leicht schlafenden Menschen erzeugt. Doppelt so schnell feuern die Nerven eines wenig erregten, aber wachen Menschen. Und mit 40 Hertz, also 40-mal in der Sekunde, oszillieren die Hirnströme plötzlich, wenn Menschen Sinneseindrücke verarbeiten. Diese so genannten Gammawellen – letztlich das gemeinsame elektrische Signal einer großen Zahl absolut synchron im schnellen Wechsel erregter und gehemmter Nerven – halten einer neuen Theorie zufolge diejenigen Zellen zusammen, die am gleichen Thema arbeiten. Wolf Singer, Direktor am Max-Planck-Institut für Hirnforschung in Frankfurt am Main, nennt die Gammawellen deshalb auch einen «Kleber» im Gehirn.

Alle Nerven, die durch ein wahrgenommenes Objekt – einen bestimmten Geruch oder das Gesicht eines vertrauten Menschen – erregt werden, schwingen gleichzeitig und erzeugen so die Gammawellen. Die Information, um welchen Sinneseindruck es sich handelt, steckt vermutlich in der räumlichen Verteilung der synchron feuernden Nerven, wobei jeder Eindruck ein anderes Muster erzeugt. Nachgeschaltete Instanzen des Gehirns können dieses Muster auswerten und so für einen Wiedererkennungseffekt sorgen. Verantwortlich für die Synchronisation sollen weit verzweigte Nerven sein, die zu fast allen Hirnzellen einer Gruppe Kontakte haben und den Gammarhythmus von sich aus generieren. Diese *chattering cells*, auf Deutsch «Schwätzerzellen», helfen den Nerven wie ein Metronom, den richtigen Takt zu finden und zu halten.

Wie lebenswichtig die zeitliche Ordnung für einen Organismus ist, zeigt das Herz. Es arbeitet nur dann effektiv, wenn sich sein Pumpsystem aus Vor- und Hauptkammern in der richtigen Reihenfolge zusammenzieht. Dass dies unentwegt gelingt, dafür sorgt ein eingespieltes Team aus Schrittmachern und Informationsüberträgern, die über das gesamte Organ verteilt sind und vom Gehirn unbewusst gesteuert werden. Wehe, dieses Gefüge gerät durch einen Infarkt oder eine Rhythmusstörung aus dem Gleichgewicht. Dann besteht Lebensgefahr.

Für die Gesundheit scheint aber auch ein anderes rhythmisches Phänomen im Körper entscheidend zu sein: Viele Stoffwechselprozesse und die Ausschüttung der meisten Hormone werden in kurzen Pulsen aktiviert. Insulin und Glukagon, die Botenstoffe, die den Zuckergehalt im Blut regeln, tauchen im gepulsten Muster auf. Die Fettverbrennung im Körper wird zehnmal pro Stunde vom unbewussten Teil des Nervensystems angeregt. Und auch das Parathormon, das wichtig für die Regulation des Knochenwachstums ist, folgt einem Rhythmus. Es gibt Hinweise, dass bei Menschen mit der Knochenbrüchigkeit Osteoporose die Oszillation dieses Hormons im Blut ausbleibt. Der Botenstoff gelangt bei ihnen kontinuierlich in den Kreislauf – und verliert dadurch einen Großteil seines Informationsgehalts. Das Zielorgan «reagiert nicht nur auf die aktuelle Konzentration, sondern auch auf die Änderungen der Konzentration», schreibt Gerold Baier: «Die Information ist in der zeitlichen Struktur, im Rhythmus der Hormonoszillationen versteckt.»

Es ist sicher nicht leicht, sich in den eigenen Körper akustisch hineinzuversetzen und die chaotischen Signale des «dynamischen Kodes» der Hormone gemeinsam mit dem oberflächlich stupiden, im Detail jedoch sehr komplexen Pochen des Herzens, dem stakkatoartigen Feuern der Nerven, den vielfältigen Kontraktionsfanfaren der Muskeln und den unzähligen anderen kurzen, zeitlich gegliederten Lebensabläufen zu hören. Aber vielleicht ist es ein wenig wie das Lauschen auf György Ligetis Etüden für Klavier, etwa die «Teufelstreppe», das «Geflecht» oder die «Unordnung».

Das 90-Minuten-Hoch und andere
ultradiane Rhythmen

Die jungen Eltern sind in Eile. Sie waren noch bei Freunden eingeladen. Ihr Kleinkind ist müde und muss dringend ins Bett. «Hoffentlich gibt's nicht das gleiche Theater wie neulich», stöhnt die Mutter. Beide kennen nur zu gut die Folgen, wenn Sohnemann «über den Durst ist», weil er die übliche Einschlafzeit verpasst hat. Dann kann er nicht mehr abschalten, sondern dreht noch einmal richtig auf. Nichts wirkt: keine Gutenachtgeschichten, keine Spieluhren, keine Schlaflieder. Das Kind wird etwa eine Dreiviertelstunde munter spielen oder, was wahrscheinlicher ist, eines seiner schönsten Heulkonzerte zum Besten geben, bevor es erschöpft und erstaunlich friedlich einschlummert – endlich.

Dass die meisten Eltern über solche Erfahrungen berichten und dass die Kinder oft ähnliche Zeiträume zum Einschlafen brauchen, ist kein Zufall. Allen Menschen fällt es zu bestimmten Zeiten leichter, wegzuschlummern, als zu anderen – auch den kleinsten. Schuld daran ist ein innerer Rhythmus, der mehrfach am Tag auf und nieder schwingt.

Auf die Schliche gekommen ist ihm der amerikanische Pionier der Schlafforschung Nathaniel Kleitman, der bereits in den 1930er Jahren die ersten Isolationsexperimente in Höhlen durchführte. In seinem Standardwerk *Sleep and wakefulness* beschrieb er 1963 den «Basic Rest Activity Cycle», meist nur kurz BRAC genannt. Dieser basale Ruhe-Aktivitäts-Zyklus dauert beim Neugeborenen etwa 50, bei Erwachsenen etwa 90 Minuten. An seinem Höhepunkt ist man besonders fit, am Tiefpunkt vergleichsweise schlapp. Beim Absinken der

Aufmerksamkeitskurve öffnet sich kurz vor dem Erreichen des Minimums eine Pforte in den Schlaf. Der genaue Zeitpunkt richtet sich danach, wie müde man ist. Das Kind, das diese Pforte verpasst, muss warten, bis die nächste kommt.

Auch eine andere Beobachtung, die fast alle Eltern quält, lässt sich mit dem 50-minütigen Zyklus erklären: Wachen die Kleinen nachts auf, dauert es fast immer die gleiche Zeit, bis sie wieder einschlafen, meist eine gute Stunde. Weil das Kind sehr müde ist, wacht es erst kurz vor oder während des Maximums der Aktivitätskurve auf, und die nächste Einschlafpforte öffnet sich bereits nach gut zehn Minuten, wenn die Kurve wieder sinkt. Diese Pforte verpasst das überdrehte Kind und muss nun einen ganzen BRAC warten, bis es wieder einschlafen kann. Verpasst es auch diese Pforte, dauert es wieder 50 Minuten bis zum nächsten Einschlafzeitpunkt und so weiter.

Es gibt reichlich Hinweise, dass sich die periodischen Aktivitätsschübe unterschwellig durch den Alltag eines jeden ziehen. Arbeitende Menschen streuen gerne alle 90 Minuten eine Pause ein, liefern sich Tagträumen aus oder gehen zum Kühlschrank, um eine Kleinigkeit zu essen. Und die Bewohner eines urtümlichen kolumbianischen Dorfes treffen sich ungefähr in diesen Zeitabständen zu gemeinsamen Unternehmungen. Auch der Körper folgt diesem Rhythmus, löst Hungergefühl und Magenbewegungen aus oder unterminiert die Gedächtnis- und Konzentrationsfähigkeit.

Der beständigste und am besten untersuchte 90-Minuten-Rhythmus ist der Wechsel der verschiedenen Schlafphasen des erwachsenen Menschen: Gewöhnlich durchläuft jeder Schläfer mehrmals in der Nacht und im Abstand von anderthalb Stunden eine gesetzmäßige Abfolge aus Leichtschlaf, Tiefschlaf und dem so genannten Traumschlaf, der sich durch starke Augenbewegungen auszeichnet, was ihm den Namen REM-Phase eingebracht hat. REM steht für *rapid eye movements*, also «schnelle Augenbewegungen». Bei Neugeborenen dauert ein solcher Schlafzyklus übrigens genau wie der BRAC nur 50 Minuten.

Chronobiologen nennen Zyklen, die sich mehrmals täglich wiederholen, *ultradiane* Rhythmen. Auch für sie müssen biologische Uhren verantwortlich sein, weshalb sie nicht selten als deren Minutenzeiger bezeichnet werden. Die gepulste Hormonausschüttung wird zum Beispiel zu den ultradianen Rhythmen gezählt. Auch viele wichtige Organe, etwa die Leber oder die Nieren, besitzen einen eigenen Rhythmus, der sich alle paar Stunden wiederholt. Manche inneren Prozesse, Pulsverlauf und Blutdruck zum Beispiel, folgen einem Zwölf-Stunden-Rhythmus. Sie durchlaufen jeden Tag zwei Maxima und Minima.

Am Blutdruck zeigt sich aber schon, dass viele ultradiane Rhythmen von den etwa einen Tag während zirkadianen Zyklen überlagert werden. Das Resultat ist eine vergleichsweise komplexe Schwingung, die aus mehreren sich addierenden Zeitabläufen zusammengesetzt ist: Deshalb ist das Blutdrucktief in der späten Nacht deutlich niedriger als das am Nachmittag. Ähnlich ist das Bild bei Menschen, die einen Mittagsschlaf halten: Die Minutenzeiger ihrer inneren Uhr takten zwar einen zweigipfeligen Schlaf-Wach-Rhythmus, es dominieren aber klar die Stundenzeiger der inneren Uhr, die einen langen Nachtschlaf vorgeben und nur einen kurzen Mittagsschlaf zulassen.

Der Schlaf brachte Forscher auch auf die Spur eines weiteren humanen Zyklus: Liegen Menschen krank im Bett, sind sie sehr alt oder leben erst ein paar Monate, schlafen sie oft zusätzlich zur Nacht noch dreimal am Tag. Grund scheint eine Rhythmik zu sein, die sich alle vier Stunden wiederholt. Auch sie ist nach Meinung vieler Chronobiologen eine dauerhafte, unterschwellig wirkende Kraft, die sich zum Beispiel darin äußert, dass Menschen in der Regel drei bis vier Hauptmahlzeiten zu sich nehmen. Besonders deutlich wird der Vier-Stunden-Rhythmus in Experimenten, bei denen Menschen 32 Stunden lang im Bett liegen müssen und nichts tun dürfen. Wie bettlägerige Kranke verfallen sie in das vierstündige Schlafmuster.

Fast scheint es so, als wäre es für Menschen das Natürlichste, alle vier Stunden für etwa 90 Minuten zu schlafen. Und vielleicht verhielten wir alle uns tatsächlich so, gäbe es keine Tage und Nächte, keine lauten Phasen des regen sozialen Austauschs und Zeiten der allgemeinen Nachtruhe – und keine innere, etwa 24 Stunden während, andere Rhythmen dominierende biologische Tagesuhr.

Wie die verschiedenen Aktivitätszyklen miteinander verzahnt sind, kann man besonders gut bei der Schlafentwicklung von Kindern erkennen. Anfangs dominieren rund um die Uhr die ultradianen Zyklen: Die Kinder schlafen etwa alle vier Stunden, also sechsmal täglich, über eine Länge von rund 50 Minuten oder einem Vielfachen davon. Je älter die Kinder werden, desto bedeutender wird der Tagesrhythmus. Im Alter von wenigen Monaten schlafen sie nachts manchmal sogar durch, schlummern aber noch dreimal täglich. Sind sie noch etwas älter, lässt das Schlafbedürfnis immer mehr nach. Sie schlafen irgendwann nur noch zweimal am Tag, später nur noch einmal und im Alter von einigen Jahren verzichten sie auf den Mittagsschlaf oft ganz.

Beim Menschen scheinen die ultradianen Rhythmen eine untergeordnete Rolle zu spielen. Und doch sind sie vermutlich verantwortlich dafür, dass wir so gerne Siesta halten. Bei vielen Tieren treten die kurzen Zyklen dagegen deutlicher zu-

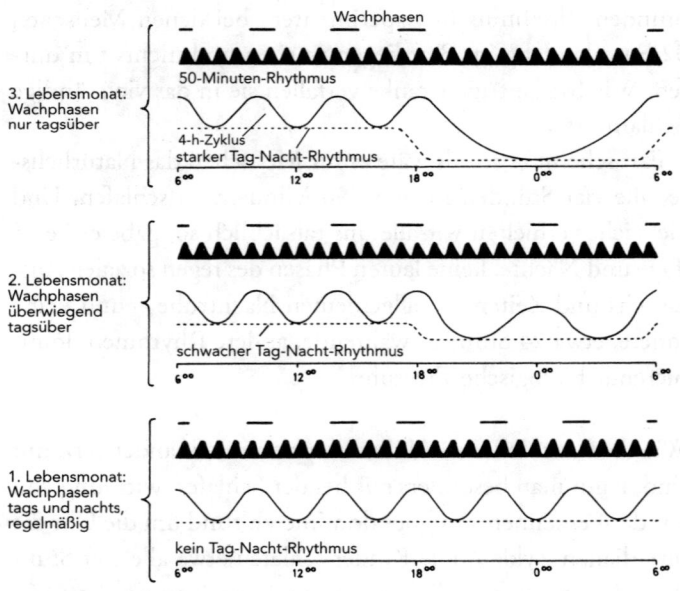

Beim Neugeborenen dominieren die kurzen Aktivitätsrhythmen von 50 Minuten und vier Stunden Dauer, doch mit zunehmendem Alter gewinnt der Tag-Nacht-Rhythmus an Gewicht.

tage. Zweigipfelige Aktivitätsverläufe mit regem Treiben am Morgen und am Abend bei tagaktiven Tieren oder einem Mitternachtsschlaf bei nachtaktiven Tieren haben Biologen fast überall beobachtet: bei Mücken, Rotwild, Mäusen, Füchsen und vielen anderen.

Noch extremer verhalten sich Wühlmäuse: Je nach Art verlassen die Tiere tagsüber alle zwei bis vier Stunden den Bau, um auf freiem Feld nach Nahrung zu suchen. Im Isolationsexperiment ohne Hell-dunkel-Wechsel verschwimmt der Tag-Nacht-Rhythmus mit zunehmender Versuchsdauer, und der ultraradiane Rhythmus bricht rund um die Uhr durch: Die Tiere verlassen nun auch nachts im Zwei- bis Vier-Stunden-Rhythmus den Bau. Diese Experimente gehören zu den eindeutigsten Belegen dafür, dass auch die ultradiane Uhr ein biologischer, von äußeren Einflüssen unabhängiger Zeitmesser ist.

Auf der Suche nach einer Erklärung für das Wühlmausphänomen haben Biologen durchgerechnet, wann die Gefahr größer für jedes einzelne Tier ist, von Raubvögeln und anderen Feinden gefressen zu werden, wenn es nur der Tagesuhr oder zusätzlich dem ultradianen Rhythmus folgt. Das Resultat ist deutlich: Taucht eine Maus zeitgleich mit den Artgenossen auf, ist sie doppelt so sicher wie zu der Zeit, zu der die anderen Wühlmäuse im Bau bleiben. Der Schutz der Masse hilft. Die Raubtiere können immer nur eine bestimmte Menge Mäuse zugleich verspeisen. Das periodische Auftauchen der Mäuse verringert also die Zahl der insgesamt gefressenen Tiere und damit für jedes einzelne das Risiko.

Mit Tag und Jahr

Über die Pünktlichkeit von Flughörnchen würde jeder Arbeitgeber in Verzückung geraten: Werden die Tiere in dauerhafter Dunkelheit gehalten, besteigen sie wochenlang fast auf die Minute genau nach einer bestimmten Zeit von beispielsweise 23 Stunden und 28 Minuten immer wieder das Laufrad ihres Käfigs und rennen mehrere Stunden lang drauflos. Kaum zu glauben, dass ein biologisches System so exakt arbeiten kann.

Doch den physikalischen Zwängen, die der Biorhythmik der Flughörnchen zugrunde liegen, kann niemand entrinnen: Die Erde kreist um sich selbst und sorgt damit für den unentwegten Wechsel von hellen Tagen und dunklen Nächten. Sonnenauf- und -untergänge lassen es zweimal täglich dämmern, und die unterschiedlich einfallenden Sonnenstrahlen machen es im 24-Stunden-Rhythmus wärmer und kälter. Gleichzeitig umrundet die Erde die Sonne, was zumindest in den gemäßigten Breiten zu einer periodischen Folge kalter Winter und wärmerer Sommer führt.

Die Tageslänge ändert sich mit zunehmender Entfernung vom Äquator drastisch. Nur zweimal im Jahr, zum Frühlings- und zum Herbstanfang, sind Tag und Nacht genau gleich lang. Der längste Tag markiert den Beginn des Sommers am 21. Juni, und der kürzeste Tag ist die Wintersonnenwende am 21. Dezember. Das Klima unterliegt der üblichen Schwankung der Jahreszeiten sogar am Äquator, und so wechseln sich auch dort, wo alle Tage gleich lang sind, Perioden mit stärkeren Regenfällen und trockene Zeiträume jahresrhythmisch ab.

Jeder kennt diese Vorgänge. Doch kaum jemand macht sich

darüber Gedanken, dass sie das Leben nicht unberührt lassen können: Zwischen annähernd null und 100 000 Lux schwankt in Mitteleuropa zum Beispiel die Beleuchtungsstärke, wenn einer finsteren, bewölkten Neumondnacht ein strahlender Hochsommertag folgt. Und die Lichtenergie, die an einem durchschnittlichen Wintertag die Erde erreicht, entspricht nur einem Bruchteil dessen, was die Sonne im Sommer an Licht zur Verfügung stellt. Die Temperaturen können im Laufe eines Tages im Extremfall um bis zu 30 Grad Celsius pendeln – in Wüsten sogar oft noch mehr. Und im Jahresverlauf lösen mitunter lange Dauerfrostperioden angenehm milde Sommer ab.

Kein Wunder, dass die Wirkung der Tages- und Jahresuhren die von äußeren Einflüssen weitgehend unabhängigen ultradianen Rhythmen fast immer dominieren. Vor allem die zirkadianen Zyklen haben Chronobiologen inzwischen ausführlich untersucht. Ihre Existenz ist eindeutig auch beim Menschen nachgewiesen, und man kennt das biochemische Uhrwerk aller wichtigen biologischen Modellorganismen.

Tagesuhren steuern die Zellteilung bei Bakterien und die Körpertemperatur beim Menschen, die Photosyntheserate bei Pflanzen und den Zeitpunkt, zu dem Fledermäuse losflattern, sie helfen wandernden Schmetterlingen bei der Berechnung ihres Kurses und dienen Orchideen, den idealen Zeitpunkt für die Abgabe eines Insekten anlockenden Dufts zu finden. Ohne äußere Informationen über die tatsächliche Tageslänge betragen die Periodenabstände meist zwischen 23 und 25 Stunden. Daran ändern auch deutliche Wechsel der Temperatur kaum etwas, zumindest wenn sie im Rahmen des Natürlichen bleiben. Die Präzision der Uhren ist aber sehr unterschiedlich. Der Schlaf-Wach-Zyklus vieler isolierter Menschen variiert, wie bereits beschrieben, weitaus deutlicher als zum Beispiel der Rhythmus der Körpertemperatur.

Auch die Bedeutung der inneren Kalender ist nicht zu unterschätzen: Fast alle Lebewesen, die fern des Äquators leben, passen sich dem Jahreszyklus an. Und die Forscher kennen in manchen Fällen bereits die Auslöser für die Änderungen von Verhalten oder Stoffwechsel: Meist ist es eine bestimmte Photoperiodik, also die zunehmende Tageslänge des Frühjahrs oder das Abnehmen der hellen Phase im Herbst. Neueste Studien legen sogar nahe, dass bei Säugetieren die Messung der Tageslänge in dem gleichen, eng umgrenzten Teil des Gehirns stattfindet, der auch die zentrale innere Tagesuhr beherbergt. Seltener takten Temperaturveränderungen die Jahresrhythmik. Sie scheinen im Allgemeinen zu unregelmäßig zu sein, um sich im Konkurrenzkampf mit der Photoperiodik zu behaupten.

Zumindest bei einigen wenigen Beispielen ist inzwischen klar, dass es auch für die zirkannualen Rhythmen einen inneren Zeitmesser gibt: Seetang behält in einer konstanten Umwelt seine jahresrhythmischen Wachstumsschübe bei. Schafe zeigen trotz monotoner Umwelt jährlich wiederkehrende Hormonschwankungen. Erdhörnchen fallen auch ohne Winter in Winterschlaf. Und afrikanische Schwarzkehlchen behalten ihre Jahresrhythmik sogar zwölf Jahre lang in Isolation bei. Wie die biologische Tagesuhr jedoch scheint der innere Kalender ohne äußere Signale nicht sehr genau zu gehen, bei Gartengrasmücken schwankt er zum Beispiel zwischen neun und 13 Monaten.

Viel mehr wissen die Chronobiologen noch nicht. Die Fragen, wie die Jahresuhr genau aussieht, wie sie funktioniert und wie verbreitet sie tatsächlich ist, werden derzeit intensiv erforscht. Dass auch der Mensch einen biologischen Kalender besitzt, scheint wahrscheinlich: Zum einen gibt es überall auf der Welt ähnliche Schwankungen der Geburtenhäufigkeit, die vermutlich auf den Einfluss der Jahreszeiten zurückgehen. Zum anderen überfällt jeden zehnten Mittel- und Nordeuropäer immer wieder im Spätherbst, wenn die Tage kürzer werden, eine eigenartige Schwermütigkeit, die oft erst im Frühjahr verschwindet. In schwachen Fällen spricht man vom Winterblues, in schweren sogar von einer anerkannten Krankheit, dem *Seasonal Affective Disorder*, auf Deutsch «saisonabhängige Depression».

Das Rätsel um die Monduhren

Etwa 20 Minuten bleiben der Meeresmücke *Clunio*, um aus der Puppe zu schlüpfen, einen Partner zu finden, sich zu paaren und Eier abzulegen. Dann stirbt sie. Vor allem die Partnersuche scheint in so kurzer Zeit ein unüberwindbares Hindernis zu sein. Doch wie hat es das Insekt dann geschafft, in den Felswattpfützen der Brandungszone fast der ganzen Welt zu überleben? Sie besitzt eine Monduhr, die ihr und allen potenziellen Partnern den gleichen optimalen Schlupfzeitpunkt diktiert: Nur bei den geringsten Wasserständen, die exakt alle 14,76 Tage auftreten, liegt der Algenteppich in den Pfützen so lange trocken, dass die Insekten ihr 20-minütiges Erwachsenenleben zu einem erfolgreichen Ende bringen und die Eier der nächsten Generation an die Wasserpflanzen kleben können. Dort reifen die Nachkommen heran und warten, bis zwei Wochen später die Pfütze wieder trocken fällt.

Während für die meisten Landlebewesen die Mondphasen vermutlich eine untergeordnete Rolle spielen, wird das Leben vieler Meeresbewohner vor allem in den Brandungszonen vom Mond im wahrsten Wortsinn immer wieder durcheinander gewirbelt. Der Erdtrabant löst mit seiner Anziehungskraft an den Küsten der großen Meere alle zwölf Stunden und 25 Minuten einen Wechsel der Gezeiten aus. In den gut sechs Stunden zwischen Ebbe und Flut steigt der Meeresspiegel dann um mehrere Meter, was für viele Tiere und Pflanzen heißt, in regelmäßigen Abständen mal trocken zu fallen und dann wieder nass zu werden.

Einige Tiere haben sich auf diesen Wechsel mit einer Gezeitenuhr eingestellt: Wasserkrebse, die im Strandbereich leben, schwimmen zum Beispiel immer bei Flut im Wasser umher und verkriechen sich rechtzeitig, bevor die Ebbe kommt, im Sand. Diesen Zyklus setzen sie auch fort, wenn Zoologen sie in ein Wasserbecken ohne Gezeiten setzen. Ihre Nachbarn, die Winkerkrabben, werden dagegen immer bei Niedrigwasser aktiv. Nur dann liegt die Brandungszone trocken und kann nach Nahrung abgesucht werden.

Übertrieben dargestellt, verformt die anziehende Masse des Mondes die Erde zu einem Ei. Weil die Meeresoberfläche dieser Kraft ungleich stärker nachgeben kann als das feste Land, entstehen die Gezeiten. Und weil auch die Sonne bei der großen Massenverschiebung mitmischt, sind die Gezeiten unterschiedlich stark. Bei Voll- und Neumond befinden sich Sonne und Mond in einer Linie. Dann ziehen sie gemeinsam an den

Spitzen des Erd-Eis, ihre Kräfte addieren sich, und auf der Erde registriert man die besonders heftigen Springfluten. Nipptiden, die sich durch einen schwachen Gezeitenunterschied auszeichnen, entstehen dagegen bei Halbmond, wenn Sonne und Mond gegeneinander arbeiten.

Die *Clunios* nutzen diesen zweiwöchigen Tidenwechsel perfekt aus. Sie besitzen so genannte *semilunare* Zyklen. Forscher konnten zeigen, dass ihre Monduhr zum Teil direkt auf das Licht des Erdtrabanten reagiert, sich zum Teil aber auch nach dem Zusammenspiel aus Tagesuhr und Gezeitenmesssystem stellt: Durch die Ermittlung des Flut-Zeitpunktes schätzt die Meeresmücke ab, wann die nächste Springtide kommt. Eindrucksvoll ist auch der semilunare Zyklus der Winkerkrabben: Sie paaren sich immer während der Springflut, worauf die Weibchen die befruchteten Eier auf ihren Panzer packen und warten, bis zwei Wochen später die nächste Springflut kommt. Dann sind die Eier entwickelt, die Krabben laufen im typischen Seitgalopp ins Wasser und geben die Larven frei. Und weil gerade der extremste Tidenhub stattfindet, werden die Jungkrebse mit der folgenden Ebbe weit ins Meer hinausgesogen, wo ein reichhaltiges Nahrungsangebot wartet.

Doch nicht nur die Gezeiten, auch die Mondphasen selbst, die regelmäßige Wiederkehr heller Vollmond- oder dunkler Neumondnächte, spielen für manche Lebewesen eine wichtige Rolle: Der Palolo-Wurm, ein Vielborster, der die Böden der pazifischen Südsee bewohnt, sendet nur einmal im Jahr seine Fortpflanzungskapseln, die aus den abgeschnürten letzten Körpersegmenten bestehen, an die Meeresoberfläche – und das am frühen Morgen nach dem ersten Vollmond im November. Durch das gute Timing erhöhen sich die Chancen jedes einzelnen auf Reproduktionserfolg gewaltig. Die Würmer sind deshalb schon seit Menschengedenken so pünktlich, dass die Einheimischen zu ihrer Mond-Hochzeit ein Fest feiern: Tatelega nennen die Bewohner Samoas die Nacht der Würmer, bei der sie mit Tanz, Gesang und Keschern zum Strand ziehen und so viele Wurm-Kapseln aus dem Meer fischen, wie sie können. Als «Kaviar der Südsee» wird die berühmte Delikatesse anschließend verspeist.

Mit einem ähnlichen Zyklus soll ein anderer Vielborster, der Bermuda-Glühwurm, sogar bei der Entdeckung Amerikas geholfen haben: Kolumbus betrat am 12. Oktober 1492 die Bahamas-Insel San Salvador und damit erstmals die Neue Welt, weil er einem nächtlichen Schein gefolgt war, den er für Feuer hielt. Tatsächlich waren es aber die weiblichen Würmer, die mit ihrem Leuchten Partner anlocken wollten, wie sie es immer an bestimmten Sommerabenden während und nach Vollmond tun.

Insgesamt sollen rund 600 Tier- und Pflanzenarten Mond- oder Gezeitenrhythmen besitzen, darunter sogar Landtiere. Sehr viel fanden die Wissenschaftler über diese rätselhaften Zyklen bisher jedoch nicht heraus. Trotz der beeindruckenden, fast unglaubwürdigen Beobachtungen, die die Existenz biologischer Mond- und Gezeitenuhren nahe legen, sind bis heute nur Ansätze ihrer Form und Funktionsweise bekannt.

Zikaden rechnen in Primzahlen

Sie sind gerade mal so groß wie eine Ameise, knubbelig, grau und ziemlich hässlich. Bloß nicht auffallen, scheint ihre Devise zu sein – zumindest für die nächsten 17 Jahre. Diesen enormen Zeitraum wollen die gerade aus dem Ei geschlüpften Insekten nichts anderes als ungestört im Erdreich leben, sich am Wurzelsaft von Bäumen laben und wachsen. Manche erreichen schließlich beinahe Daumengröße. Doch dann schaltet sich eine biologische Uhr ein, die das Erdleben beendet und die Verpuppung der Insekten einleitet. Wenig später krabbeln sie als geflügelte Pflanzensauger an die Erdoberfläche und klettern auf den nächsten Baum, wo sie noch ein paar Tage warten, bis ihre Haut getrocknet ist.

Nun haben sie leuchtend rote Augen, einen schwarzen Körper und goldbraun geäderte, durchsichtige Flügel, die ihren kompakten Hinterleib wie ein Dach überwölben. Am Leib befinden sich bei den Männchen zwei helle Flecken, die ihrer auffälligsten Eigenschaft dienen: Es sind dünne Häute, die wie die schwingenden Membranen von Hi-Fi-Boxen arbeiten. Die Tiere beginnen ein Zirpen, so laut, dass Menschen sich die Ohren zuhalten. Und weil die Insekten inzwischen in riesigen Massen in den Bäumen sitzen, schwillt das Konzert zu einem Lärm an, der wahrhaft ohrenbetäubend ist. Zuletzt erlebten Menschen dieses unvergessliche Naturschauspiel im Mai 2004. Sie haben hinterher mit Sicherheit zeitweilig schlechter gehört.

Bei den eigenartigen Insekten handelt es sich um 17-Jahres-Zikaden. Wie der Name schon sagt, geben sie das Konzert nur alle 17 Jahre, und es hält auch nur wenige Tage an. Der amerikanische Sänger Bob Dylan widmete den Krachmachern 1970 sogar ein Lied: «*Day of the Locust*». Es gibt sieben Arten der so genannten periodischen Zikaden, drei mit 17-Jahres-Zyklus und vier, die alle 13 Jahre für kurze Zeit erwachsen werden. Sie alle leben in Nordamerika, wo die Vertreter einer Art zumindest innerhalb größerer Regionen im gleichen Jahr und annähernd zur gleichen Zeit aus der Erde kriechen. Daher stammt auch ihr massenhaftes Auftreten, das sie von gewöhnlichen Zikaden unterscheidet und vermutlich ein Schutz vor dem Gefressenwerden ist. Gleichzeitig verbessern sich ihre Chancen auf erfolgreiche Fortpflanzung. Die weiblichen Zikaden nutzen das gigantische Konzert der Männchen für die Auswahl eines attraktiven Partners.

Fraglos ist der absurde Lebenszyklus der Zikaden eines der beeindruckendsten Beispiele für eine innere Uhr, die absolut nichts mit äußeren Rhythmen zu tun hat. Ihr eigentlicher Zweck scheint zu sein, die Entwicklung der Tiere einer Art aufeinander abzustimmen. Wie die Zikaden-Uhr genau funktioniert, das wissen die Wissenschaftler allerdings noch nicht.

Doch warum haben sich im Laufe der Zikaden-Evolution ausgerechnet die krummen Zahlen durchgesetzt? Eine Antwort auf diese Frage glaubt der Physiker Mario Markus vom Max-Planck-Institut für Molekulare Physiologie in Dortmund gefunden zu haben: Die Uhr der Zikaden rechnet in Primzahlen. Markus entwickelte mit Kollegen ein Simulationsprogramm, das die Beziehung zwischen einer periodisch auftretenden Beute und eventuell ebenfalls zyklisch lebenden Fressfeinden kalkuliert. Erstaunlicherweise gleicht das Ergebnis einer einfachen Primzahlensuche: Sobald der Zyklus der

Beute auf eine der Zahlen fällt, die nur durch eins und sich selber teilbar sind, haben sie einen deutlichen Vorteil.

Würden Zikaden zum Beispiel einem 12-Jahres-Zyklus folgen, «könnten alle Feinde mit Zwei-, Drei-, Vier- und Sechs-Jahres-Zyklen sie fressen», sagt Markus. Jene Tiere, die einen 13- oder 17-Jahres-Zyklus haben, kommen seltener mit Feinden in Kontakt und überleben dadurch häufiger. Allerdings ist bislang kein Zikaden-Feind bekannt, der zum Modell passt. Die Forscher mutmaßen deshalb, dass es vor langer Zeit eine parasitierende Schlupfwespe gab, der die Krachmacher mit ihrem Zyklus so erfolgreich aus dem Weg gegangen sind, dass sie ausstarb.

Viele Insekten leben übrigens mehrere Jahre als Larven, bevor sie erwachsen werden. Eine Reihe anderer Zikaden gehören dazu, aber auch die Maikäfer. Sehr wahrscheinlich steuert auch bei ihnen eine biologische Uhr den Reifungsprozess. Weil diese aber nicht bei allen Tieren synchron läuft, schlüpfen auch nicht alle Vertreter einer Art im gleichen Jahr. Die Engerlinge leben meist vier Jahre, bevor sie sich verpuppen. Und noch einen rätselhaften Zyklus der Maikäfer könnte ein physiologischer Zeitmesser verursachen: In den vergangenen 200 Jahren tauchten die Insekten etwa alle 25 bis 40 Jahre besonders häufig auf.

Sollte es tatsächlich biologische Uhren geben, die so langsam ticken? Warum nicht, gibt es doch in der Natur noch deutlich längere Zyklen. Rekordhalter ist eine Pflanze: Die Vertreter der Bambusart *Phyllostachys bambusoides* blühen in Japan nur alle 120 und in Indien alle 60 Jahre. Gartenliebhabern ist das Rätsel der Bambusblüte vertraut. Vor allem die

Blüte der Bambusart *Fargesia murielae* in den Jahren 1996 und 1997 ist ihnen in trauriger Erinnerung. Damals starben überall in Europa massenweise Bambusse dieses Typs.

Jahrelang pflanzen sich die immergrünen Gräser mit den hohlen, verholzenden Stängeln auf ungeschlechtliche Art über unterirdische Triebe fort. Doch plötzlich bilden sie Blüten, produzieren Unmengen von Samen, die sie um sich herum verstreuen – und sterben. Die Zeit, nach der die Blüte einsetzt, kann irgendwo zwischen drei und 120 Jahren liegen. Sie ist aber bei allen Vertretern einer Art und Region identisch. Kein Wunder, dass Chronobiologen von der Bambusblüte fasziniert sind. Gärtner mögen das Spielchen der Natur, das schon in so manchem Park eine Katastrophe auslöste, hingegen gar nicht. Weil die meisten Zierbambusse auf einige wenige Vorfahren zurückgehen, blühen und sterben sie plötzlich überall auf der Welt zugleich – und hinterlassen neben Zentnern dicker Samen nur hässlich graues Gestrüpp.

Auf der Suche nach einer Erklärung enden Biologen beim Bambus ganz in der Nähe der Zikaden: Die gleichzeitige Blüte vieler Pflanzen hilft den Pollen, per Luftweg eine weibliche Blüte zu finden und zu befruchten. Und das massenhafte Auftreten der Samen erhöht für jeden einzelnen die Erfolgsaussichten. Denn egal, wie viele Samen auch von Tieren gefressen werden, es bleiben immer noch genug für eine neue Bambusgeneration übrig. Dass die Gräser nach der Blüte sterben, geschieht ebenfalls aus Fürsorge für den Nachwuchs: Ohne Konkurrenz mit den eigenen Eltern haben die Jungpflanzen reichlich Nahrung und Wasser zur Verfügung und können zudem noch von den verrottenden Blättern ihrer Eltern zehren.

Die Lebensuhr

Es ist eines der größten Wunder der Natur, wie aus einem simplen, einzelligen Ei ein kompliziertes, vielzelliges Lebewesen mit Gliedmaßen, Organen, Nervenbahnen und Geweben werden kann. Woher weiß das Ei, was oben, unten, vorne oder hinten ist? Wie gelingt ihm die Einteilung in Körperabschnitte? Woher wissen die Organe, an welcher Stelle sie wachsen müssen? Dass dieses Wunder inzwischen ein gutes Stück enträtselt ist, verdankt man nicht zuletzt der Tübinger Entwicklungsbiologin Christiane Nüsslein-Volhard: Sie widmete sich vor rund 30 Jahren der Gestaltbildung der Fruchtfliege *Drosophila*. Mit den US-Amerikanern Edward Lewis und Eric Wieschaus fand sie heraus, dass nur eine kleine Zahl von Genen für die ersten Schritte verantwortlich zeichnen. Wann, wo und in welcher Menge die Eiweiße, deren Bauplan diese Gene kodieren, im Embryo auftreten, bestimmt den Bauplan des werdenden Lebens.

Diese Erkenntnis, 1980 im Fachblatt *Nature* publiziert, brachte den dreien 1993 den Nobelpreis für Medizin ein. Heute weiß man, dass die Entwicklung der *Drosophila* von insgesamt etwa 200 Genen gesteuert wird. Alle sind bekannt und identifiziert. Es ist sogar bekannt, dass sich Wirbeltiere – und damit der Mensch – anfangs auf ganz ähnliche Weise entwickeln und dass diese Vorgänge zum Teil verwandte Gene steuern.

Viel weniger klar ist, wie ein Organismus die zeitliche Organisation seiner Entwicklung regelt: Wann weiß welche Zelle, was aus ihr werden soll? Gibt es eine Lebensuhr, die während der Befruchtung des Eis zu ticken beginnt und erst mit dem

Tod zu arbeiten aufhört? Auf dem Weg vom Embryo zum Erwachsenen ist es unabdingbar, dass die Ausbildung der Körperteile in einer streng fixierten Reihenfolge abläuft. Ohne Zeitmesser scheint dieses Wunder der Natur unmöglich.

Wirbeltier-Embryos bilden in einem frühen Entwicklungsschritt eine Folge ähnlich gebauter Körpersegmente, die sich auch später in den zahlreichen ähnlichen Wirbeln oder Rippen widerspiegeln. Meist sind es 50, bei Schlangen können es aber auch 400 Abschnitte sein. Die Gleichförmigkeit dieser primitiven ersten Körpergliederung lässt vermuten, dass hier ein rhythmisch schwingendes System am Werk ist. Und tatsächlich fanden Forscher in den Embryos von Maus und Huhn Gene, deren Aktivität einem periodischen Muster unterliegen.

Sie entwickelten das Modell einer Segmentierungs-Uhr: Während der Embryo von vorne nach hinten wächst, bildet er an seinem wachsenden Pol Proteine, die ans andere Ende diffundieren, sodass ihre Konzentration allmählich abnimmt. Ein Eiweiß wird dauernd gebildet, ein anderes aber nur alle 90 Minuten. So wandert ein Protein-Puls durch den länger werdenden Zellhaufen, der irgendwann an die Grenze stößt, wo das konstant produzierte Eiweiß nicht mehr vorhanden ist. Weil der Puls etwas weiter reicht, entsteht eine kleine Zone, in der für einen Moment das eine Protein vorhanden ist, das andere aber nicht. In den Zellen dieser Zone aktivieren die gepulsten Eiweiße Gene, die zur Ausbildung eines neuen Körpersegments beitragen. 90 Minuten später, wenn der Embryo weitergewachsen ist, wiederholt sich das ganze Ereignis, und das nächste, gleich große Körpersegment entsteht.

Weil diese frühe Entwicklungsphase so einfach sei, könne man den steuernden Zeitmesser auch so leicht erkennen, weiß Olivier Pourquié vom Institute for Medical Research in Kansas City, USA. In einem komplizierteren Muster – und folglich weniger gut koordiniert – könnten solche Prozesse aber auch an vielen weiteren Entwicklungsschritten beteiligt sein. Noch fehlen der Biologie allerdings die Mittel, solche Prozesse aufzuspüren.

Eine zweite Entwicklungsuhr vermuten Biologen bei den so genannten Hox-Genen. Auch diese Familie kodiert Eiweiße, die andere Gene aktivieren können. Je nachdem, wann und wo sie auftauchen, lösen sie die Bildung bestimmter Strukturen aus: Manche entscheiden, ob an einem Wirbelkörper eine Rippe wächst oder nicht, andere stoßen das Wachstum eines Armes, Beines oder Fußes an. Wenn diese Gene nicht in einem präzis getakteten, zeitlich und räumlich definierten Muster anspringen, entsteht kein Leben, sondern Chaos. Deshalb muss es eine Hox-Uhr geben, sagen die Forscher, ohne sich jedoch einig darüber zu sein, wie diese funktioniert.

Eine der gängigsten Theorien stützt sich auf die Beobachtung, dass die Hox-Gene hintereinander auf dem gleichen Chromosom liegen und in dieser Reihenfolge auch abgelesen werden. Das Chromosom faltet sich demzufolge allmählich auf und gibt immer erst ein Gen nach dem anderen zum Dekodieren frei.

Doch zeitlich organisierte Entwicklungsschritte gibt es nicht nur in den frühen Lebensphasen: Im Leben einer Pflanze etwa stehen immer wieder wichtige Weichenstellungen an, deren Koordination Tages- oder Jahresuhr übernehmen. Das Hypokotyl, also das erste Stängelchen, das die Keimblätter trägt, wächst auch unter gleich bleibender Beleuchtung immer dann ein Stück weiter, wenn die biologische Uhr auf Morgengrauen steht. Und die spätere Gliederung in einen Stamm, der in regelmäßigen Abständen Äste, Blätter oder Blüten trägt, hängt von jahreszeitlichen Einflüssen wie der Änderung der Außentemperatur und Lichtmenge ab. Wann eine Blume blüht, erfährt sie beispielsweise direkt über die Messung der Tageslänge.

Noch gänzlich unerforscht sind die zugrunde liegenden Uhren der mehrjährigen Entwicklungszyklen der Natur. Die Blütezeit der Bambusse oder die Dauer des Larvenwachstums bei periodischen Zikaden sind zwei Beispiele, dass es solche Uhren aber geben muss. Selbst dem Menschen wird gelegentlich – und rein spekulativ – eine Uhr unterstellt, die ihn alle sechs bis sieben Jahre verändern soll: zunächst im Alter von etwa sechs Jahren, was auch als Grundlage für die Schulreife gilt; dann mit der Pubertät im Alter von 12 bis 14 Jahren und schließlich mit dem Abschluss des Längenwachstums zwischen 16 und 21 Jahren.

Und dann gibt es auch noch den größten Kreis, mit dem die Zeit das Leben umhüllt: «Geburt bis Tod». Jedes Wesen besitzt eine bestimmte biologisch fixierte Lebensspanne, sagen Forscher. Fledermäuse werden bis zu 50, Mäuse dagegen meist nur zwei Jahre alt. Riesenschildkröten sterben oft erst nach 150 Jahren, viele Insekten dürfen als Erwachsene dagegen keinen vollen Tag erleben. Die maximale Lebensspanne des Menschen wird mit 120 Jahren angegeben. Neugeborene

Deutsche dürfen derzeit mit einer mittleren Lebensdauer von zirka 80 bei Mädchen und etwa 75 bei Jungen rechnen.

Eine begrenzte Zahl möglicher Herzschläge, wie man lange dachte, kann die Lebensuhr nicht erklären. Stattdessen gibt es derzeit vor allem zwei Theorien: Die «Verschleißtheorie» besagt, dass sich während des Alterns in den Zellen immer mehr Abfallprodukte biochemischer Reaktionen anreichern. So greifen freie Radikale – also aggressive Verbindungen – wichtige Zellstrukturen an, und die Zahl der gefährlichen Erbgutveränderungen nimmt mit zunehmendem Alter zwangsläufig zu. Irgendwann bricht das gesamte System unweigerlich zusammen, sagen Altersforscher.

Nach der «Programmtheorie» ist die Lebensspanne das Produkt einer biologischen Uhr, die im Erbgut sitzt, gnadenlos vor sich hin tickt und die maximale Zahl der Zellteilungen begrenzt: Bei jeder Teilung verlieren die Chromosomen, die den genetischen Kode transportieren, einen Teil ihrer Schutzkappen, Telomere genannt. Sind diese aufgebraucht, kann sich die Zelle nicht mehr teilen – und der Organismus nicht mehr weiterleben.

Zumindest beim Fadenwurm *Caenorhabditis elegans* gelingt es Genforschern mittlerweile, den normalerweise nach rund 20 Tagen einsetzenden Tod durch Erbgutveränderungen herauszuschieben. Cynthia Kenyon von der University of California in San Francisco, USA, träumt bereits von einer Anti-Todes-Pille: «Nur ein einziges Gen muss man verändern, und schon wird der Wurm doppelt so alt. Das ist doch phantastisch.» Das von ihr manipulierte Gen namens daf-2 enthält den Bauplan für einen Rezeptor, an den das Hormon Insulin andockt. Funktioniert der Rezeptor nicht, tickt die Lebensuhr langsamer, vermutlich, weil den Tieren ein ständiger Insulinmangel und so eine pausenlose Unterernährung vorgegaukelt wird. Seit Oktober 2003 hält Kenyon endgültig den Weltrekord in Lebensverlängerung: Ihre Würmer leben sechsmal so lang wie gewöhnliche Artgenossen. Das gelang, indem sie die daf-2-gestörten Tiere zusätzlich kastrierte. Die nicht mehr gebrauchten Keimzellen senden vermutlich ein lebensverlängerndes Signal aus für den Fall, dass sie eines Tages doch noch nötig werden.

Manche Menschen, etwa der 79-jährige US-amerikanische Altersforscher Roy Walford, entwickelten aus den Wurm-Experimenten und anderen Beobachtungen ihre eigene Lebensverlängerungsstrategie: Sie essen kaum. Dabei soll die dauerhafte Unterernährung die Lebensuhr des Menschen ähnlich aufhalten, wie es die Mutation des Insulin-Rezeptors beim Wurm tut. Ob das wirklich hilft, bleibt vorerst abzuwarten. Und auch die Hoffnung auf eine Anti-Todes-Pille mit einem menschlichen daf-2-Rezeptor scheint arg euphorisch. «Ich bezweifle, dass der Mensch so einfach gestrickt ist wie der Fadenwurm», sagt der Molekulargenetiker Ralf Baumeister von der Universität Freiburg. Selbst wenn der medikamentöse Eingriff in den Hormon-Stoffwechsel gelänge, hätte er wahrscheinlich schwer wiegende Folgen.

Kapitel 3
Leben mit der Wiederkehr –
warum es innere Uhren gibt

Sonne, Mond und Sterne – die Menschen versuchen seit Ewigkeiten, ihren Lauf vorherzusagen und aus ihrem Stand zu lesen, wann es Frühling wird oder der rechte Zeitpunkt für die Ernte gekommen ist. Die sächsische Himmelsscheibe von Nebra ist geschätzte 3600 Jahre alt und damit die älteste bekannte Abbildung der Gestirne. Sie diente vermutlich als Kalender. Noch älter ist der rätselhafte Steinkreis von Stonehenge, Großbritannien, der mit aller Wahrscheinlichkeit für die Datierung der Sommer- und Wintersonnenwenden zuständig war. Und gut 10 000 Jahre vor unserer Zeitrechnung ritzten Menschen bereits Bilder von Tieren in Geweihsprossen, die regelmäßig im Frühjahr auftauchten und so als kalendarischer Hinweis dienten.

Egal was für eine Uhr man sich ausdenken mag, sie wurde bereits erfunden: Die Sonnenuhr, wie wir sie heute kennen, gab es schon vor 3000 Jahren in Babylonien. 2000 Jahre früher sollen die Chinesen bereits eine Feueruhr konstruiert haben, bei der ein Stab abbrannte und in regelmäßigen Abständen daran festgeknotete Perlen auf einen Gong fallen ließ. Außerdem bastelten sie riesige Wassertürme, die mit kontinuierlichem Plätschern Rädchen antrieben, deren Stand die Uhrzeit markierte. Die Griechen und Ägypter bauten Wasseruhren, bei denen ein Topf durch ein Loch im Boden pausenlos Wasser verlor und der Wasserstand die Uhrzeit angab. Im 13. Jahrhundert entwarfen Europäer schließlich die erste mechanische Uhr.

Woher der Erfindungsgeist? Ist es wirklich so ein ungeheurer Vorteil, zu wissen, was die Natur als Nächstes vorhat? Es scheint, als hätte die Evolution diese Frage schon lange vor den Menschen beantwortet.

Gutes Timing wird belohnt

3,5 Milliarden Jahre ist die innere Tagesuhr der Cyanobakterien alt. Und auch die Anpassungen an Mond-, Gezeiten oder Jahresrhythmen sind unter Tieren und Pflanzen so weit verbreitet, dass es sich vermutlich um sehr urtümliche Errungenschaften handelt. «Die Evolution hat den zirkadianen Uhren gut getan», fasst der Chronobiologe Michael Hastings aus Cambridge, Großbritannien, zusammen. «Sie verleihen einem Organismus adaptive Vorteile, versetzen ihn in die Lage, zu antizipieren und sich dabei auf tägliche Umweltveränderungen vorzubereiten.» Und weil die Evolution solche Vorteile belohnt, förderte sie langfristig die inneren Uhren.

Dass diese Theorie stimmt, zeigten im Jahr 2001 zwei Forscher von der Vanderbilt University in Nashville, USA: Tetsuya Mori und Carl Hirshie Johnson beobachteten drei Sorten von Cyanobakterien. Die identischen Organismen hatten lediglich unterschiedliche Tageszyklen von 22, 25 und 30 Stunden. Jeder für sich gedieh gut und kam auch mit einer Reihe äußerer Rhythmen zurecht. Lebten die verschiedenen Bakterien jedoch gemeinsam in einer Kultur, setzte sich immer jene durch, deren innere Uhr der Wirklichkeit am nächsten kam: im 22-Stunden-Tag die 22-Stunden-Mutante, im 30-Stunden-Tag die Bakterie, deren Rhythmus ohne äußere Reize mit 30 Stunden schwang, und im normalen 24-Stunden-Tag der so genannte Wildtyp, der sich auch in freier Natur findet und eine innere Uhr besitzt, die auf 25 Stunden getaktet ist.

Das Fazit der Forscher: «Dies ist die erste harte Demonstration in irgendeinem Organismus, dass ein zirkadianes System einen Fitness-Vorteil verschafft.» Die Uhr der Cyanobakterien reguliert fast jeden Lebensbereich: die Energiegewinnung, die Zellatmung, die Aufnahme und Bindung wichtiger Lebensbausteine, die Synthese von Kohlenwasserstoffen und die Vermehrung per Zellteilung. Offenbar hat ihre Periodik eine Reihe von Vorteilen. Zum Beispiel wechseln sich dank Tagesuhr die Bindung von Stickstoff und die Photosynthese ab, was verhindert, dass der Sauerstoff, der bei der Photosynthese entsteht, ein empfindliches Enzym angreift, das für die Stickstoffbindung wichtig ist.

Sicher lassen sich die Erkenntnisse von dieser einfachen Lebensform nicht ohne weiteres auf komplexe Organismen übertragen. Doch sind sich Chronoforscher einig, dass die biologischen Zeitmesser sich wegen ebenjener Eigenschaften durchsetzten, die sie ansatzweise schon bei den Bakterien zeigten: Sie optimieren den Zugang zur Nahrung und die Speicherung von Energie, helfen bei der Fortpflanzung und Entwicklung, steuern Zeit und Raum für effektive Ruhephasen und koordinieren den Ablauf innerer Prozesse.

Dass die biologischen Uhren fast nie hundertprozentig genau gehen, muss ebenfalls Vorteile mit sich bringen. Sonst hätten sich im Laufe der Evolution exaktere Zeitmesser durchgesetzt. Das flexible System aus ungefährer Rhythmik plus regelmäßiger Nachjustierung kommt den Anforderungen des Lebensraums Erde an seine Bewohner offenbar näher als eine starre Uhr. Jahreszeitliche Wechsel in der Tageslänge, der Einfluss von Ortsveränderungen oder andere natürliche Schwankungen lassen sich mit einem anpassungsfähigen System viel leichter kompensieren.

Die evolutive Optimierungsstrategie geht sogar so weit, dass die Uhren von gleichen Pflanzenarten verschieden gehen, je nachdem, an welchem Breitengrad sie seit Generationen wachsen. Erst 2003 entdeckten US-Forscher, dass die Ackerschmalwand *Arabidopsis* umso langsamer tickt, je weiter im Norden sie wächst. So kommt sie offenbar besonders gut mit den langen Hellphasen des nördlichen Sommers zurecht und folgt dem Lauf der Sonne besser als mit einer schnellen Uhr, wie sie weiter südliche Ackerschmalwände besitzen. Dass sie die Tage trotzdem richtig taktet, dafür sorgt alle 24 Stunden die Morgendämmerung mit ihrem Vorstell-Signal.

Mahl-Zeiten

Es ist einer dieser trocken-warmen Juniabende im Süden Frankreichs, an denen man die Hektik des modernen Lebens leicht vergisst. Die Sonne ist gerade hinter den schroffen Felsen der Tarn-Schlucht verschwunden, die wenigen Wolken färben sich grau, das Wasser gurgelt freundlich. Da kommen sie. Jeden Abend um die gleiche Zeit beginnt die Kunstflugshow. Haufenweise Fledermäuse schwirren umher, flattern zwischen den Pappeln hindurch, kreisen hoch in der Luft, um kurz danach per Sturzflug zur Wasseroberfläche hinabzustechen. Fliegende Insekten sollten sich jetzt lieber rar machen. Gegen die wendigen, mit Ultraschall steuernden und Beute ortenden Säugetiere haben sie wenig Chancen. Doch die Show dauert nur eine halbe Stunde. Noch bevor die Dämmerung zu Ende geht, ziehen sich die Beutejäger in ihre Höhlen zurück. Satt und erschöpft von der anstrengenden Mahlzeit, die immerhin die Hälfte ihres eigenen Körpergewichts betragen kann, rüsten sie sich für die nächsten 20 Stunden Schlaf.

Aus Sicht von Evolutionsbiologen macht das Timing der Fledermäuse Sinn: Sie fliegen in der Dämmerung, weil sie dann mit dem geringstmöglichen Energieaufwand die größte Ausbeute erzielen. Es ist recht kühl, sodass das Jagen wenig anstrengt, gleichzeitig sind aber besonders viele Insekten unterwegs.

Wie es den Tieren gelingt, allabendlich zur gleichen Zeit zu dinieren, und welche Rolle die biologische Uhr dabei spielt, hat die US-amerikanische Chronobiologin Patricia DeCoursey studiert. In ihren dunklen Unterkünften, meist Höhlen oder Dachstühlen, bekommen die Tiere kaum Informationen über den Sonnenstand. Sie sind deshalb auf ihr Zeitgefühl angewiesen. Und das weckt sie punktgenau am Nachmittag einige Stunden vor der Abenddämmerung. Um Energie zu sparen, haben die schlafenden Tiere ihre Körpertemperatur abgesenkt. Mit Muskelzittern bringen sie sich allmählich auf Betriebstemperatur. Ist diese erreicht, fliegen die Fledermäuse alle paar Minuten zum Höhlenausgang, um die Helligkeit abzuschätzen. Erst wenn es dämmert, verlassen sie ihre Schlafstatt und starten die Nahrungssuche. Die Forscher ermittelten, dass immer eine bestimmte Beleuchtungsdichte erreicht sein muss, damit sich die scheuen Jäger nach draußen wagen, bei der Großen Hufeisennase beispielsweise 0,08 Lux.

Nicht nur Fledermäuse gliedern ihren Tag nach Essenszeiten. Für kaum etwas scheint die innere Uhr so wichtig zu sein wie für das tägliche Tanken von Energie. Fast alle höheren Pflanzen zeigen tagesrhythmische Schwankungen der Photosynthese-Aktivität: Die dazu notwendigen Enzyme reichern sich in den Blattzellen bereits vor Morgengrauen an. Die Pflanzen nutzen so auch die allerersten Sonnenstrahlen voll aus. Und wie schon Charles Darwin bemerkte, dienen auch die Blattbewegungen letztlich der optimierten Mahlzeit – sprich Lichtausbeute. Garantieren sie doch, dass die Sonnenstrahlen im besten Winkel eintreffen.

Auch dass Menschen etwa zur gleichen Zeit Hunger bekommen, ist kein Zufall: Schon vor dem Aufwachen steigt der Blutzuckerspiegel, und es werden aktivierende Hormone freigesetzt. Das Stoffwechselgeschehen, die Produktion von Verdauungssäften und die Aktivität der Magen- und Darmbewegungen schwankt von da an regelmäßig auf und nieder. Im Abstand von etwa vier Stunden sind Hauptmahlzeiten fällig.

Chronobiologisch besonders ergiebig verhalten sich Wüstenskorpione, wie das Zoologenehepaar Gerta und Günther Fleissner von der Universität in Frankfurt am Main herausfand: Wie Fledermäuse schlafen die Spinnentiere am heißen Tag in ihrem kühlen, dunklen Bau, um kurz vor der Dämmerung aufzuwachen und sich am schattigen Eingang auf die Lauer zu legen. Für eine aktive Jagd wäre es jetzt noch zu heiß, aber am Eingang des Baus kann man die Helligkeit abschätzen und zufällig vorbeikommende Beute mit dem Giftstachel erlegen.

Mit Beginn der Dämmerung werden die Skorpione aktiv und streunen bis zu drei Stunden auf Nahrungssuche umher. Den Rest der Nacht lauern sie bewegungslos in der Nähe ihres Baus und vertrauen wieder auf den Zufall. Für eine Kraft raubende aktive Suche sind jetzt vermutlich zu wenig Jagdopfer unterwegs. Mit Morgengrauen gehen die Tiere schließlich zu Bett. Ihre biologische Uhr steuert dabei nicht nur das Aktivitätsprogramm, das offenbar auf eine möglichst gute Balance zwischen Aufwand und Ertrag abgestimmt ist, sondern auch die Lichtempfindlichkeit der Netzhaut des Auges. Tags beschattet ein Pigment wie eine Sonnenbrille die Sehrezeptoren. Nachts wandert es nach unten, und der Sehsinn ist um ein Vielfaches empfindlicher.

Manche Tiere besitzen dank innerer Uhr sogar ein Zeitgedächtnis und können sich merken, wann es wo etwas zu essen gibt: Vögel kommen pünktlich zur Parkbank, auf der sich immer zur gleichen Zeit eine ältere Dame zum Füttern einfindet, Hunde wissen genau, wann Herrchen den Fressnapf füllt, und selbst Fische lernen Fütterungszeiten alsbald auswendig.

Mit einem eindrucksvollen Experiment belegten Biologen den Beitrag der inneren Uhr bei der Nahrungsaufnahme der Biene: Versuchsinsekten lernten in Paris, eine Futterquelle um neun Uhr anzufliegen, und wurden dann nach New York verfrachtet. Dort starteten sie ihren Futterflug um drei Uhr, also exakt dann, wenn es in Paris neun war. Das Zeitgedächtnis hält übrigens so lange an, dass die Tiere auch nach einer Schlechtwetterperiode im Bau zur rechten Zeit ausfliegen. Damit sie aber nicht ewig nach einer längst verblühten Blume suchen, vergessen sie das Gelernte nach ein paar Tagen schließlich doch.

Dass sich bisweilen sogar der innere Kalender der Mahlzeit anpasst, zeigen eindrucksvoll die Wintermotten: Ihre Raupen schlüpfen immer dann aus dem Ei, wenn Eichen im Frühjahr austreiben. Sind sie zu früh, ist noch kein Laub da, schlüpfen sie zu spät, werden sie mit zu harten, schwer verdaulichen Blättern bestraft. Durch die Klimaerwärmung infolge des Treibhauseffekts droht der harmlosen Motte nun sogar das Aus, fürchtet der niederländische Ökologe Marcel Visser: Die erhöhten Temperaturen beschleunigen die Motten-Entwicklung und zerstören ihre lebenswichtige zeitliche Synchronisation mit der Eiche, die sich allein auf die Photoperiode verlässt und deshalb trotz gestiegener Temperaturen nicht früher austreibt.

Gutes Timing hilft indes nicht nur Jägern, sondern auch der Beute. Manche Vögel beenden ihre Futtersuche dank biologischem Wecker so rechtzeitig, dass sie vor der Dunkelheit einen schützenden Ruhebaum erreichen. Und Maulbrüter wissen selbst unter Laborbedingungen, bei denen das Licht ohne Vorwarnung ausgeknipst wird, wann sie den Nachwuchs in den Rachen nehmen müssen. Im Dunkeln würden sie die Kleinen kaum noch finden, und Raubfische hätten leichtes Spiel. Auch die im Zwei-Stunden-Rhythmus synchronisierte Aktivität der Wühlmäuse oder der Zyklus der 17-Jahres-Zikaden schützen vor Räubern. Und dass viele Tiere vermutlich nur deshalb nachtaktiv sind, weil dann weniger Jäger unterwegs sind, ist allgemein bekannt.

Doch die Jäger halten mit. Dank Evolution sind sie in der

Lage, ihre Uhren in fast beliebiger Weise umzustellen. Wenn ihre Beute nachts unterwegs ist, werden sie halt auch nachtaktiv. Und wenn es für sie als Meeresorganismen wichtiger ist, den Tidenstand vorherzusagen als die Tageszeit, dann gelingt auch dies. Vom Plankton bis zur Winkerkrabbe existieren Aktivitätszyklen, die auf Ebbe und Flut getimt sind. Nur so schafft es die Winkerkrabbe, ihre Mahlzeiten tatsächlich dann zu nehmen, wenn die Küste ihr zu Füßen liegt: bei Ebbe.

Rechtzeitige Winterstarre

Das Saana-Fjell im äußersten Norden Finnlands ist keine einladende Gegend. Ein gutes Stück jenseits des Polarkreises herrscht im Winter nicht nur anhaltendes Dunkel, sondern auch ewiger Dauerfrost. Etwa acht Monate im Jahr liegt der Landstrich unter einer festen Schneedecke. Hier vermutet man Elche, Zugvögel und Nagetiere, aber bestimmt keine Eidechsen. Oder etwa doch? Erst kürzlich spürten Forscher aus Budapest und Helsinki während eines sommerlichen Studienaufenthalts am Südwestrand der Hochebene Bergeidechsen auf. Sie fanden zwar nur fünf Stück in 60 Stunden – eine Zahl, die man am Mittelmeer in zwei Minuten findet. Doch der Beweis wurde geliefert, dass selbst die kaltblütigen Reptilien sich an die extreme Umwelt im hohen Norden angepasst haben.

Eigentlich leben die Eidechsen nur drei bis vier Monate im Jahr. In dieser Zeit pflanzen sie sich fort, essen und wachsen. Doch selbst in diesen Sommermonaten scheint die Sonne nur wenige Stunden am Tag so intensiv, dass sich die Tiere auf ihre

Betriebstemperatur von 25 bis 35 Grad aufwärmen können. Nachts müssen sie einen frostfreien Unterschlupf suchen. Neigt sich der Sommer dem Ende zu, erhöhen die Bergeidechsen drastisch ihren Blutzuckerspiegel. Das entzieht dem Gewebe Wasser, und sie können vollständig einfrieren, ohne Schaden zu nehmen. Acht Monate, aber keinen Herzschlag und keinen Atemzug später, wachen die Reptilien wieder auf.

Es ist sehr wahrscheinlich, dass ihnen ein innerer Kalender dabei hilft, den rechten Zeitpunkt für die Blutzuckererhöhung zu finden. Für alle Organismen, die in hohen Breiten überwintern wollen, ist die gut getimte Kälte-Adaptation wichtigstes Überlebensrequisit. Wenn die Tage kürzer werden, machen sich auch Pflanzen winterfest, werfen das Laub ab und versetzen ihre Knospen in einen Ruhezustand, der erst mit den länger werdenden Tagen des Frühjahrs aufgehoben wird.

Natürlich unterbrechen auch Insekten im Herbst ihre Entwicklung. Je nach Art fallen sie als Ei, Larve, Puppe oder Imago in die so genannte Diapause, einen beinahe leblosen Zustand, der fast keine Energie beansprucht. Anders als gemeinhin angenommen, ist das Signal dabei weniger die sinkende Temperatur als die Tageslänge. Welche Tageslänge letztlich jedoch ausschlaggebend ist – das kann die Evolution bereits innerhalb einer Art verändert haben: Ampfer-Eulen aktivieren ihre Diapause umso früher, je nördlicher sie leben. Am 60. Breitengrad fallen die Nachtfalter schon in Winterstarre, wenn die Tage 19 Stunden lang sind, am 43. Breitengrad erst bei 14-stündigen Tagen.

Im kritischen Zeitraum kann eine Verkürzung der Tage um eine Viertelstunde schon reichen, um Insekten erstarren zu lassen. Auch das Verschwinden der Wespen im Herbst, von vielen Picknick-Freunden sehnlichst herbeigewünscht, ist eine Reaktion auf die Sonnenscheindauer, die mehrere Tage hintereinander unter einen kritischen Wert sinkt. Ungewöhnliche Temperaturen können den Termin nur leicht verändern. Diese Erkenntnis hat nicht zuletzt wirtschaftliche Bedeutung: Weil die Tageslänge auch entscheidet, wann die meisten Insekten wieder aktiv werden, steuert sie den Zyklus vieler wichtiger Pflanzenschädlinge. Und wer voraussehen kann, wann ein Schädling zuschlägt, der kann sich besser wappnen.

Eingefroren oder gar als Ruhekapsel überwintern? Das liegt dem Menschen fern. Und doch futtert sich auch die selbst ernannte Krone der Schöpfung im Herbst gerne etwas Winterspeck an – Ausdruck nicht nur eines gesteigerten Appetits, sondern vor allem eines abgesenkten Stoffwechsels. Gleichzeitig nimmt bei vielen zum Winter hin das Schlafbedürfnis zu, und das Verlangen nach fettreicher Ernährung wird ebenfalls stärker. All diese Maßnahmen, vermutlich wie bei den meisten Tieren von einem biologischen Kalender unbewusst gesteuert, erinnern an die Überwinterungsstrategien anderer Säugetiere: Fettgewebe als Energiespeicher und Isolation zulegen, Winterfell wachsen lassen, Nahrung bunkern, Stoffwechsel herunterfahren und mehr schlafen.

Die Extremisten unter den Säugern fallen in Winterschlaf. Und ihr Kalender sagt ihnen, wie lange: Warum sonst weiß der Siebenschläfer, wann sieben Monate vorbei sind, und warum sonst ist Phil, das berühmte Murmeltier von Punxsutawney, USA, jedes Jahr am 2. Februar halbwegs wach und kann aus seinem Bau gejagt werden, damit es das Wetter vorhersagt, wie in der Filmkomödie *Und ewig grüßt das Murmeltier* bestens aufs Korn genommen?

Der Winterschlaf soll vor allem Energie sparen in Zeiten, in denen keine Nahrung vorhanden ist: Warmblütige Tiere, vom Bär bis zur Fledermaus, suchen einen sicheren Bau, rollen sich zusammen, schlafen ein und senken ihre Körpertemperatur sowie all ihre Organfunktionen, vom Herzschlag bis zur Nierentätigkeit, gewaltig ab. Erdhörnchen verbringen so je nach Klima des Verbreitungsgebiets sieben bis neun Monate des Jahres. Ihre Temperatur sinkt von gut 35 Grad Celsius auf minimal vier ab. Alle paar Wochen wachen sie kurz auf und bringen ihren Kreislauf auf Touren, damit wichtige Organe wie das Hirn keinen Schaden nehmen. Zumindest bei den putzigen Nagern steuert ein innerer Kalender das periodische Schlafverhalten. Wie sonst könnte es ohne äußere Jahreszeiten fortbestehen? Erdhörnchen, die vier Jahre lang bei konstant 30 Grad Außentemperatur und einem gleichförmigen Tag-Nacht-Zyklus von je 12 Stunden Licht und Dunkel leben, schlafen trotzdem viermal für etwa sieben Monate, immer dann, wenn ihr Zeitmesser auf Winter steht.

Wer indes nicht schlafen will und noch dazu fliegen kann, den zieht es im Herbst in wärmere Gefilde. Alljährlich wandern mindestens 50 Milliarden Vögel weltweit zwischen Brut- und Winterquartier hin und her, schätzt Vogelforscher Eberhard Gwinner. Steinschmätzer aus Alaska fliegen sagenhafte 16 000 Kilometer weit, zunächst über das Beringmeer nach Asien, dann über Arabien bis nach Südafrika. Europäische Weißstörche legen immerhin 10 000 Kilometer zurück. Und Ringelgänse aus dem Norden Russlands machen auf ihrem Heimweg von der südlichen Nordsee nur einen Zwischenstopp. Davor fliegen sie 2000, dann sogar 3000 Kilometer ohne Pause.

Manche Vögel nehmen erst Reißaus, wenn es ihnen zu ungemütlich wird, und bleiben in milden Wintern sogar gelegentlich daheim. Vor allem die extremen Wanderer starten jedoch jährlich zur exakt gleichen Zeit, oft lange bevor das Nahrungsangebot knapp wird oder das Klima ungemütlich. Europäische Mauersegler beginnen ihre Wanderung zum Beispiel in der ersten Augustwoche, wenn viele Bundesbürger noch gar nicht in den Sommerurlaub gestartet sind. Offenbar sind die Reisen der Langstreckenflieger zu weit, um von äußeren Faktoren getimt zu werden. Wer zu spät aufbricht, verpasst womöglich sein Ziel oder findet erst zurück, wenn die Paarungszeit vorüber ist. Mit solchen Nachteilen hätten Vögel im Laufe der Evolution kaum eine Chance gehabt.

Stattdessen verlassen sich die so genannten Kalendervögel auf ihre inneren Zeitmesser. «Ihre Ankunftszeiten sind präzise und hängen kaum von den Umweltbedingungen ab», sagt Eberhard Gwinner. Er konnte in Experimenten mit Gartengrasmücken belegen, dass die Tiere nicht nur den Zeitpunkt, sondern auch die Richtung ihrer Wanderung intuitiv kontrollieren: Die kleinen Singvögel lebten für ein Jahr ohne äußere Umweltschwankungen in speziellen Käfigen mit acht Sitzstangen, die in unterschiedliche Richtungen zeigten und einen Kontakt schlossen, sobald ein Vogel auf ihnen saß.

Während der Wanderzeiten hüpften die Vögel ungleich mehr als sonst im Käfig herum und futterten sich einen Energievorrat an. Im September, wenn die Grasmücken eigentlich von Europa nach Westafrika fliegen, saßen sie zumeist auf Stangen, die gen Südwesten zeigten, im November, wenn die

A

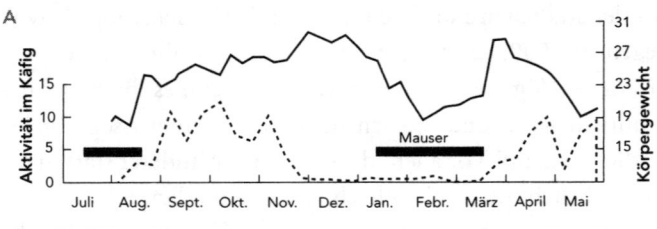

B

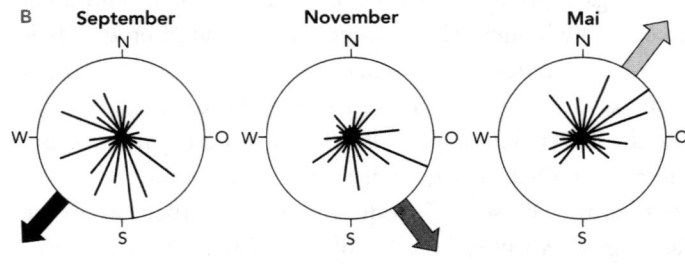

C

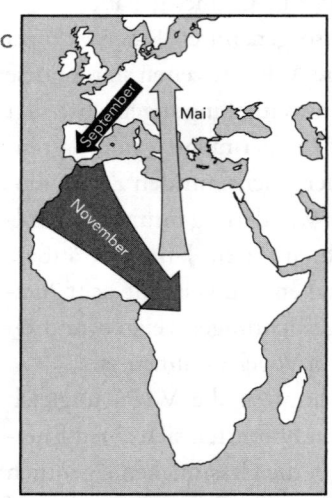

Gartengrasmücken wollen auch bei konstanten Umweltbedingungen im Käfig wandern. Während der Wanderzeit sind sie besonders aktiv (durchgezogene Linie) und futtern sich Vorräte an (gestrichelte Linie). Die Mauser kennzeichnen schwarze Balken. Die bevorzugte Himmelsrichtung im Käfig entspricht der Flugrichtung, in die sie in der freien Natur fliegen würden.

Leben mit der Wiederkehr

freien Tiere ihre Reise gen Zentralafrika fortsetzen, orientierten sie sich nach Südosten, und im Mai, wenn üblicherweise der Flug in das Sommerquartier ansteht, zog es die Vögel wieder in nördliche Richtungen.

Navigieren mit der Bio-Uhr

Ein Bild, das man so schnell nicht vergisst: Wie ein kleiner Vogelschwarm segeln die majestätischen Schmetterlinge durch das Tal, wenige Meter über der Erde halten sie ihre orangeschwarzen Flügel so geschickt in den Wind, dass reichlich Auf- und Vortrieb entsteht. Obwohl die Falter, mit neun Zentimeter Spannweite so groß wie eine Kinderhand, sich kaum bewegen, gleiten sie mit beachtlichem Tempo vorbei. Fast sind sie unsichtbar, würden sie nicht doch ab und an einen Schlag mit ihren kräftigen Flügeln riskieren.

Es sind Monarchfalter, die die Wildnis Nordamerikas durchqueren, auf ihrer sage und schreibe bis zu 3600 Kilometer langen Reise in ein abgelegenes kleines Gebiet in den Bergwäldern der mexikanischen Sierra Madre. Dort treffen sich alljährlich Anfang November 100 Millionen dieser berühmten Schmetterlinge aus Kanada und den USA. Sie bevölkern die 3000 Meter hoch gelegenen Tannen und Fichten in solchen Massen, dass sie die Baumrinde verdecken, und verbringen im vergleichsweise milden Klima einen geselligen Winter. Im Frühjahr brechen die Insekten wieder gen Norden auf, legen unterwegs die ersten Eier und sterben zum Teil bereits auf der Reise. Den Sommer über wachsen drei bis vier wanderunlustige Generationen heran. Erst die Falter, die in den Herbst hineingeboren werden, sind wieder reisefreudig. Anfangs fehlt ihnen die Geschlechtsreife, dafür haben sie kräftige Flugmuskeln, mit denen sie durchschnittlich 70 Kilometer am Tag fliegen können.

Woher die «Drachen des Waldes», so die Übersetzung ihres indianischen Namens, die Flugroute kennen, wieso sie aus den entlegensten Winkeln des Subkontinents in die gleiche Gegend strömen, ob Duftstoffe im Spiel sind, magnetische Feldlinien helfen oder ein starres genetisches Programm, das sogar einzelne, prägnante Wegmarken kennt: All diese Fragen sind weitgehend ungeklärt. Seit kurzem wissen Forscher jedoch, dass Monarchfalter den Weg niemals ohne ihr Zeitgefühl finden könnten. Die Tiere orientieren sich nach dem Stand der Sonne, und dank ihrer biologischen Uhr wissen sie, welchen Winkel zum Himmelskörper sie zu einer bestimmten Tageszeit einhalten müssen.

Henrik Mouritsen, dänischer Biologe von der Universität Oldenburg, ließ mit seinem Kollegen Barrie Frost im Jahr 2002 Monarchfalter in einer Art Flugsimulator auf der Stelle wandern. Normal gehaltene Tiere flogen in südwestliche Richtung, wie es sich für ihre Reise nach Mexiko gehörte. Hatten die Tiere aber einen Jetlag von sechs Stunden, flogen sie entweder nach Südosten oder nach Nordwesten, je nachdem, ob ihre innere Uhr vor- oder nachging. Offenbar ordneten sie den Sonnenstand der falschen Uhrzeit zu und wählten so den systematisch abweichenden Kurs. US-Forscher bestätigten ein Jahr später die Experimente und zeigten zudem, dass Falter, deren Zeitmesser durch tagelange ununterbrochene Helligkeit ausgeschaltet ist, anstatt zu navigieren, direkt Richtung Sonne fliegen.

Vermutet hatte diese lebenswichtige Funktion der biologischen Uhr bereits vor fünf Jahrzehnten der Verhaltensforscher Gustav Kramer, als er die Kompassorientierung von Vögeln studierte. Und auch für Bienenfreunde ist sie nichts Neues: Die Honigsammler berechnen bei ihrem Schwänzeltanz, mit dem sie Stockgenossen die Lage einer Futterquelle übermitteln, wie weit die Sonne in der Zwischenzeit gewandert ist.

Unpünktliche sterben aus

Im Frühling und Sommer zieht es die Touristen scharenweise an die sandigen Strände bei La Jolla, Kalifornien. Baden wollen sie allerdings nicht. Sie versammeln sich nachts und nur alle 14 Tage, um einem einzigartigen Naturschauspiel beizuwohnen, vorgeführt von dem «Fisch, der bei Vollmond auf dem Strand tanzt». So lautet ein indianischer Name des unscheinbaren, zehn bis 15 Zentimeter langen, schlanken, silbrigen Ährenfisches, der vor der pazifischen Küste lebt.

Was die Menschen anzieht und den Fischen ihren poetischen Namen gab, ist atemberaubend: Immer zur Springflut und in den nächsten zwei bis drei Nächten verwandeln die so genannten *Grunions* den Brandungssaum für eine gute Stunde in eine schäumende, wabernd tanzende Masse aus zappelnden und hüpfenden Tieren. Von einer hohen Welle lassen sich Tausende der kleinen Fische an den Strand spülen. Blitzschnell buddeln sich die Weibchen so tief ein, dass gerade noch ihr Kopf senkrecht aus dem Strand ragt, und legen ihre Eier in den Sand. Die Männchen winden sich daneben und geben Samen ab. Schon 30 Sekunden später, mit der nächsten großen Welle, treiben sie zurück ins Meer, und die nächsten Ährenfische landen an.

Den Eiern bleiben nun maximal 14 Tage Zeit, sich fertig zu entwickeln. Die schützende Sandschicht über ihnen wird derweil dicker und dicker – bis zur nächsten Springflut. Sie spült die reifen Eier frei, die Grunion-Babys schlüpfen binnen weniger Minuten und müssen nur noch auf die nächste Welle warten, um ins rettende Meer zu gelangen.

Die Ährenfische sind damit nicht nur die einzigen Fische, die zum Laichen an Land «gehen», sie besitzen auch eine der bekanntesten Monduhren: Ihr innerer Gezeitenrhythmus sagt ihnen alle zwei Wochen auf die Stunde genau, wann sie zum Strand aufbrechen müssen, und er sagt den Jungtieren, wann es Zeit ist, aus dem Ei zu schlüpfen. Offenbar hat sich im Laufe der Evolution ein gehöriger Druck aufgebaut, der Grunions mit exakten Tidenplänen klar bevorzugte. Je deutlicher sich das extravagante Verhalten mit den Jahrtausenden herausschälte, desto geringer wurden die Chancen der Fische mit ungenauem Timing. Je unpünktlicher sie waren, desto geringer ihre Aussichten, einen Partner zu finden und sich fortzupflanzen.

Weil sich Partner fast immer verabreden müssen, bevor sie Nachkommen zeugen, ist das Timing der Paarung vermutlich einer der größten Beförderer biologischer Rhythmen überhaupt. Grillen zirpen ausschließlich nachts um die Wette, Zikaden immer tags. Männliche Glühwürmchen verschönern überwiegend die späte Abendröte mit ihrem flackernden, Weibchen anlockenden Licht. Und die Meeresmücke *Clunio* hat keine Chance auf eine erfolgreiche Weitergabe ihrer Gene, wenn sie nicht rechtzeitig aus der Puppe schlüpft.

Gelegentlich kann die Unpünktlichkeit einer Tiergruppe sogar zur Entstehung einer neuen Art führen: Zwei nah verwandte Fruchtfliegen trennten sich im Laufe der Evolution vermutlich deshalb voneinander, weil sie zu unterschiedlichen Tageszeiten auf Partnersuche gingen – die einen vor, die anderen während der Abenddämmerung. Der Brite Eran Tauber und Kollegen belegten unlängst, dass die Fliegen-Uhren beider Arten unterschiedlich arbeiten, weil ein bestimmtes Gen bei ihnen zu verschiedenen Tageszeiten aktiv ist.

Kein Wunder, dass es auch die maximal zwei Zentimeter langen Bermuda-Glühwürmer mit ihrer rätselhaften Monduhr sehr genau nehmen, wenn es um die Fortpflanzung geht: Die Tiere kommen nicht nur ausschließlich bei Sommer-Vollmonden und den drei darauf folgenden Abenden an die Wasseroberfläche. Die Weibchen beginnen ihr grünlich flammendes Leuchtspiel, das Männchen anlocken soll, auch immer exakt zwischen 51 und 63 Minuten nach Sonnenuntergang.

So exotisch, wie dieses Beispiel vermuten lässt, ist das Prinzip der pünktlichen Fortpflanzung per Bio-Timing aber gar nicht. Jeder kann es im eigenen Garten beobachten: Denn dass die meisten Blütenpflanzen ihre Pracht nur zu bestimmten Tageszeiten entfalten, ist letztlich ebenfalls eine Strategie, damit der Pollen sein Ziel besser findet. Wenn sich die Blumen per arteigene Uhr verabreden, treffen die Pollen schon rein statistisch viel leichter auf eine empfangsbereite offene Blüte als mit zufälligen Öffnungszeiten – egal ob die Pollen per Wind oder Insekt verfrachtet werden. Zudem scheinen manche Pflanzen den Insekten sogar auf die Sprünge helfen zu wollen. Oft haben gerade nahe verwandte Arten, die verwechselt werden könnten, sehr verschiedene Blütezeiten. Und andere Pflanzen weichen in ungewöhnliche Blütezeiten aus, um möglichst viele Bestäuber für sich allein zu haben. Einige Orchideen helfen mit Duftstoffen nach, die sie nur zu bestimmten, typischen Tageszeiten freisetzen, um Insekten anzulocken.

Auch viele Vögel müssen pünktlich sein – und dafür auch noch extra früh aufstehen. Was entnervte menschliche Langschläfer schon mal erbost das Fenster schließen lässt, ist für die Piepmätze existenziell: Mit ihrem morgendlichen Singkonzert, das vor allem im Frühjahr erklingt, grenzen die Singvogel-Männchen ihr Revier ab und locken Weibchen an. Auch hier ist Timing alles. Denn wer zu spät zwitschert, bekommt weder ein attraktives Jagdgebiet noch ein fruchtbares Weibchen ab. Wie wichtig der Gesang für die Partnersuche ist, unterstreichen neue Erkenntnisse eines Teams um den Physiologen George Bentley aus Madison, USA: Vogel-Weibchen, die den Gesang eines potenziellen Partners hören, produzieren direkt im Hörzentrum des Gehirns ein neu entdecktes Hormon, das die Bildung von Geschlechtshormonen anregt und so die Paarungsbereitschaft und das Wachstum innerer Geschlechtsorgane fördert.

Die Singvögel beginnen ihr Konzert so pünktlich, dass bereits die alten Griechen sie als gutes Beispiel für die Rhythmik der Natur erwähnten. Damals dachte man allerdings, dass die Tiere bloß auf äußere Signale wie den Anstieg der Helligkeit reagieren würden. Heute ist klar, ihr eigenes Zeitgefühl lässt die Sänger loszwitschern – und das sogar so unabhängig von äußeren Reizen, dass man die Uhr danach stellen kann: Der

Gartenrotschwanz beginnt in Deutschland meist als Erster exakt um drei Uhr Winterzeit, gefolgt vom Rotkehlchen zehn Minuten und von der Amsel 15 Minuten später. Diese Liste lässt sich fortführen, bis um 4.40 Uhr endlich auch der Spätaufsteher Star in den Reigen einstimmt und die Vogeluhr komplett macht.

Wer nun glaubt, die Menschen hätten sich von derart archaischen Zwängen der Evolution befreit, der hat nur teilweise Recht: Schlafforscher Jürgen Zulley berichtet über Bunkerexperimente, in denen keine Einzelpersonen, sondern Paare oder Gruppen gemeinsam isoliert waren. Fast immer stimmten die Personen ihre Rhythmen aufeinander ab, wobei nicht selten eine Person den anderen ihren Rhythmus aufzwängte. Das soziale Gefüge liefert also auch für die menschliche biologische Uhr ein nicht zu vernachlässigendes Signal – und der Aktivitätsrhythmus einer oder mehrerer Personen, mit denen wir zusammenleben, kann unsere Handlungen ähnlich perfekt timen, wie es die Vogeluhr mit den Singvögeln tut.

Ins Bild passt auch eine weitere Beobachtung bei Menschen: Frauen, die etwa in einer Wohngemeinschaft zusammenleben, gleichen gelegentlich, ohne es zu merken, ihre Menstruationszyklen aneinander an. Als unbewusste Synchronisationshilfen spielen vermutlich geruchlose chemische Signale eine Rolle. Frauen geben sie zu bestimmten Zeiten ihres Zyklus in den Achselhöhlen ab und können den Zyklus anderer Frauen damit entweder beschleunigen oder verlangsamen, je nachdem, ob ihre Regel vorauseilt oder hinterherhinkt. Sollte diese Beobachtung sich eines Tages erhärten, so wird ihre Erklärung wohl in Zeiten zu suchen sein, als Urmenschen in Sippen zusammenlebten. Damals muss es die

Fortpflanzungschancen von Frauen erhöht haben, wenn sie zeitgleich empfängnisbereit waren; wieso und warum, das weiß man nicht.

Kinder kommen nachts

Zu dumm, dass die Evolution so viel Zeit braucht. Rund 500 Generationen zurück begann gerade die Jungsteinzeit. Damals entstanden die ersten Bauernkulturen. Und es sollte noch einmal 150 Generationen dauern, bis diese Lebensform sich global verbreitete. «Den überwiegenden Teil seiner Existenz als biologische Gattung» habe der Mensch «auf der sozioökologischen Stufe steinzeitlichen Jäger- und Sammlertums» verbracht, formuliert Psychophysiologe Alfred Meier-Koll. Es kann noch nicht gelungen sein, sich an das Leben mit moderner Technik, Arbeitsteilung und effizienzoptimierter Zeitstruktur biologisch anzupassen.

Dennoch sind viele der alten Programme heute verschüttet. Um diese unverfälscht analysieren zu können, beobachtete Meier-Koll noch immer existierende Jäger-Sammler-Kulturen. Bei den 40 Bewohnern des kolumbianischen Dorfs Corocito fand er zum Beispiel Hinweise auf eine chronobiologische Steuerung des Alltags: Viele Lebensabläufe folgen dort auch ohne Uhr streng geregelten Zeitmustern, die sich mit Computerprogrammen als mehr oder weniger stark überlagerte und aneinander gekoppelte rhythmische Schwingungen simulieren lassen.

In der so genannten zivilisierten Welt prallen die natürlichen und die gewollten Rhythmen jedoch dauernd aufeinander. Eine Studie der schwedischen Krankenhausgesellschaft, die mehr als 240 000 Geburten auswertete, fand einen eindrucksvollen Beleg dieser These: Bei spontanen Geburten, die ohne Wehen fördernde Maßnahmen auskamen, erblickten die Kinder zumeist nachts das Licht der Welt. Wurde die Geburt jedoch medizinisch herbeigeführt, endete sie normalerweise während der Kern-Arbeitszeiten des medizinischen Personals.

Eigentlich liegt die richtige Zeit fürs Kinderkriegen zwischen Mitternacht und sechs Uhr morgens, berichtet der US-amerikanische Chronomediziner Michael Smolensky. Dann begännen die meisten Wehen und würden am häufigsten Kinder geboren – zumindest wenn niemand nachhilft: «Heute werden Geburten viel häufiger als früher eingeleitet, typischerweise im Einverständnis zwischen Mutter und Arzt, und am Tag.» Nach dem Einverständnis des Kindes fragt niemand. Dabei hat es schon Wochen zuvor seine Rhythmen mit denen der Mutter synchronisiert. Es war beispielsweise immer dann besonders aktiv, wenn die Mutter gerade schlief und eine REM-Phase erlebte. Vermutlich befand es sich dabei selber im REM-Schlaf, der bei Säuglingen nicht nur mit heftigem Augenrollen, sondern auch mit Zuckungen des ganzen Körpers einhergeht.

Ist es Zufall, dass die spätere Geburt zumeist in den gleichen Zeitraum fällt? Sicher scheint immerhin, dass Kinder die Wehen ihrer Mutter und damit letztlich ihre eigene Geburt mit einer hormonellen Botschaft einleiten können. Und die Evolution hatte offenbar die Hand im Spiel, damit der Zeitpunkt dieser Botschaft bevorzugt auf die Nachtstunden fällt. So kamen auch Steinzeitkinder vermutlich meistens nachts und wurden in die sichere Höhle hineingeboren, wo sie und ihre Mütter vor den Strapazen und Gefahren des Tages weitgehend geschützt waren.

Für fast alle Lebewesen ist die Geburt eine der kritischsten Zeitpunkte überhaupt. Dass biologische Uhren also häufig auch das Timing der Geburt übernehmen, scheint nur folgerichtig. Anders als sonst wiederholen sie dabei jedoch nicht periodisch immer wieder die gleiche Aktion, sondern öffnen in regelmäßigen Abständen eine Pforte, durch die ein Lebewesen nur einmal in seinem Leben treten muss: Die biologische Uhr bestimmt, dass Kinder tendenziell nachts kommen, aber nicht, in welcher Nacht. So ist es beim Menschen und bei vielen anderen Säugetieren. Noch gesetzmäßiger schlüpfen viele Insekten nur morgens aus den Puppen. Und selbst das erste zarte Pflanzen-Stängelchen streckt sich nur morgens ins Leben, indem es ein Stück weiterwächst.

Dem Nachwuchs ein optimales Lebensumfeld bieten heißt aber auch ihn in die richtige Jahreszeit hineingebären. Die meisten Tiere jenseits des Äquators bringen ihre Jungen nicht umsonst im Frühjahr und Sommer zur Welt. Dann ist es warm, es gibt Nahrung im Überfluss, und es bleibt genug Zeit, sich Reserven für den nächsten kalten Winter anzufuttern. Einmal mehr hilft den Tieren ihr innerer Kalender dabei, zur rechten Zeit paarungsbereit zu sein und damit auch die Kinder im idealen Monat zu gebären.

Dass Wühlmäuse nur dann Kinder kriegen, wenn es länger als 15 Stunden hell ist, und gar nicht fruchtbar sind, wenn es 15 Stunden dunkel ist, fanden Biologen bereits 1932 mit Laborversuchen heraus. Bei Schafen ist es möglich, mit einer künstlichen Beschleunigung der Hell-dunkel-Änderungen bei ansonsten konstanten Umweltbedingungen in einem Jahr zwei Fruchtbarkeitsperioden auszulösen. Und um es richtig kompliziert zu machen: Ist es 13 Stunden täglich hell, kann das bei Schafen sowohl einen Anstieg der Geschlechtshormone als auch deren Absinken bewirken, je nachdem, ob die Photoperiode zuvor länger oder kürzer war. Für Letzteres heißt das Signal, es ist Frühjahr, und die Schafe sollten tunlichst keine Lämmer mehr zeugen, weil diese in den Winter hineingeboren würden. Im ersten Fall bedeutet das Signal, es ist Herbst, und für Schafe beginnt die übliche Reproduktionsphase. Lämmer, die zu dieser Zeit gezeugt werden, kommen rechtzeitig im Frühjahr oder Sommer zur Welt.

Die extremsten Schwankungen von Geschlechtshormonen im Jahresverlauf zeigen Vögel: Mit Ansteigen der Tageslänge im Frühjahr schalten sie auf Vermehrung. Vom eigenen Kalender angeregt, schütten sie das Gonadotropin freisetzende Hormon aus, das seinem Namen gemäß die Gonadotropin-Produktion ankurbelt, was wiederum die Gonaden, also inneren Geschlechtsorgane, wachsen lässt. Die Masse des Hodengewebes bei männlichen Vögeln ändert sich in dieser Zeit oft um mehr als das Hundertfache. Erst jetzt sind die Tiere zeugungsfähig. Sie beginnen zu balzen und paaren sich. Schließlich werden Eier gelegt, und die nächste Vogelgeneration kommt zur Welt.

Die Veränderungen finden bei manchen Tieren auch ohne die äußeren Signale länger oder kürzer werdender Tage beziehungsweise steigender oder fallender Temperaturen statt. Keine Frage: Diese Tiere haben einen eigenen biologischen Kalender, der allerdings so flexibel auf Umweltänderungen reagiert, dass er – wie im Fall der Schafe – eine künstliche Manipulation der Jahreslänge gut kompensieren kann.

Selbst die Hoden-Aktivität des Mannes ist von jahreszeitlichen Schwankungen nicht ausgenommen. Der US-amerikanische Epidemiologe Richard Levine wertete 1993 mehrere Studien über die Spermienkonzentration im männlichen Ejakulat aus und fand als Erster einen statistisch wahrnehmbaren Effekt der Jahreszeit: Im Februar und März lag die Spermienkonzentration etwa ein Zehntel über dem Jahresdurchschnitt, im September lag sie rund ein Zehntel darunter. Ob für diese Schwankung ein innerer Rhythmus verantwortlich ist, bleibt vorerst zwar offen. Doch konnte Levine immerhin die nahe liegende Vermutung widerlegen, die Sommerhitze würde das Spermientief verursachen: Männer, die in klimatisierten Räumen arbeiten, zeigen den gleichen Rhythmus wie Männer, die im Freien arbeiten und den Außentemperaturen deutlich stärker ausgesetzt sind.

Theoretisch lässt sich mit dem Spermientief im September auch ein zweites Tief erklären: In den USA werden exakt neun Monate später, von April bis Mai, besonders wenig Kinder geboren. Dafür dürften aber noch andere Faktoren verantwortlich sein. Denn die Spermienschwankungen sind vielen Experten zufolge zu gering, um einen deutlichen Rückgang der Zeugungsfähigkeit auszulösen.

Welches die genauen Ursachen für die Schwankung der menschlichen Zeugungsfähigkeit im Jahresverlauf sind, Hormonschwankungen, psychologische Veränderungen, wechselnde Ejakulat-Qualität oder Empfängnisbereitschaft, konnte auch der Münchner Chronobiologe Till Roenneberg nicht beantworten. Das war aber auch nicht sein vorrangiges Ziel. Als der weltweit erste Professor für Chronobiologie von der Universität München im Jahr 1990 gemeinsam mit Jürgen Aschoff die Geburtsstatistiken von 166 Ländern auswertete, suchten sie vor allem nach Hinweisen auf einen inneren Kalender des Menschen. Und tatsächlich fanden sie, dass die Geburtenrate überall im Laufe eines Jahres ähnlich und systematisch schwankt und dass dafür bestimmte Faktoren als biologische Zeitmesser infrage kommen.

Je nach Land gibt es ein bis zwei Zeiträume im Jahr, bei denen Menschen vermehrt Kinder zeugen: vom späten Frühjahr in den Sommer hinein und in einigen Ländern noch einmal vom Spätherbst an. Frühjahrsgefühle scheinen dabei eine wichtige Rolle zu spielen: Der Moment, in dem der Anstieg der Empfängnisraten am deutlichsten ist und die Zahlen erstmals im Jahr über den Durchschnitt ansteigen, liegt fast immer in der Nähe der Tag-und-Nacht-Gleiche im März oder auf der Südhalbkugel im September.

Roenneberg berücksichtigte nun auch noch die geographischen Eigenarten der verschiedenen Länder und belegte, dass wahrscheinlich zwei Faktoren die Empfängnisbereitschaft des Menschen beeinflussen: eine kritische Tageslänge und eine bestimmte Außentemperatur. Je älter die Daten sind, desto mehr dominiert der Faktor Photoperiodik. Vermutlich hat das moderne Leben mit seinen vielen, Unterschiede in der Tageslänge nivellierenden Einflüssen diesen Faktor zuletzt zurückgedrängt. «Unsere Ergebnisse zeigen zum ersten Mal im globalen Maßstab, dass die Photoperiode, wie bei vielen Tieren, auch beim Menschen die Physiologie der Reproduktion beeinflusst», urteilt Roenneberg.

Die Schwankungen sind meist schwach. Nur im Extremfall kommen zum Jahreshoch dreimal mehr Kinder als zum Jahrestief zur Welt. Das Geburtenhoch beginnt im Winter und dauert bis ins Frühjahr hinein an. Roenneberg hält dies für einen schlüssigen Hinweis auf einen inneren Kalender oder, wie er es ausdrückt, auf einen «physiologischen Mechanismus, der es Menschen ähnlich wie vielen anderen Säugetieren erlaubt, für die Geburt eine optimale saisonale Nische zu finden, die das Überleben der Eltern und des Nachwuchses fördert».

Und wieder grüßt die Steinzeit: Damals war es vermutlich ungleich wichtiger als heute, dass Mütter und Kinder nach der Geburt die lange, entbehrungsarme Zeit des Frühlings und Sommers vor sich hatten. Reichlich Nahrung erleichterte das Stillen, hohe Temperaturen verringerten das Krankheitsrisiko. Und wenn der nächste Winter kam, waren Mutter und Kind oft genug schon über das Gröbste hinweg.

Kapitel 4
Das Uhrwerk der Natur –
wie biologische Uhren gebaut sind

Selbst die angesehensten wissenschaftlichen Fachzeitschriften wollen Auflagen steigern. Und so kamen die Macher des US-Blatts *Science* in den 1990er Jahren auf die Idee, immer wieder zu Silvester eine Hitliste der zehn wichtigsten Forschungsergebnisse des Jahres zu veröffentlichen. Forscher freuen sich, wenn ihr Gebiet vertreten ist. Immerhin zeigt die Ernennung zum «Durchbruch des Jahres» nicht nur an, wo besonders viel passiert, sie ist auch ein gutes Indiz dafür, welche Trends als viel versprechend und folglich besonders förderungswürdig gelten.

Dass es die Chronobiologie zuletzt gleich zweimal in die Top Ten schaffte, spricht für sich: Das Wissen darüber, wie biologische Uhren gebaut sind, wie sie genau funktionieren und wie sie nachgestellt werden, ist geradezu explodiert. 1998 war es die Aufklärung wichtiger Moleküle des körpereigenen Zeitmessers, ihrer Gene und ihres biochemischen Zusammenspiels, die zu einem der Durchbrüche des Jahres gekürt wurde. 2002 war es die Entdeckung einer bislang unbekannten Art von Sehzellen in der Netzhaut von Säugetieren. «Die Entdeckung einer neuen Klasse lichtsensitiver Zellen, die helfen, die täglichen Rhythmen des Körpers auf Kurs zu halten, könnte eines Tages dabei nützen, die Effekte von Jetlags oder Winterdepressionen zu bekämpfen», lautete die Begründung.

Eines der wichtigsten Forschungsobjekte der jungen Wissenschaft war von Anfang an das Uhrwerk der Natur: Was sind seine Zahnrädchen, hat es ein Pendel, wie funktionieren seine Zeiger und wo wird es nachgestellt? Das waren die entscheidenden Fragen. Doch es dauerte lange, bis die ersten beantwortet wurden. Selbst heute, immerhin drei Jahrzehnte nachdem in einem kleinen Eckchen mitten im Gehirn das Zentrum menschlicher Zeitmessung ausgemacht wurde, sind viele Details erst im Ansatz bekannt.

Der Dirigent hinter den Augen

Kaum hatten die Menschen die Existenz biologischer Uhren akzeptiert, fahndeten sie nach ihrem Sitz. Eine Menge Tiere mussten in den Experimenten ihr Leben lassen. Doch ohne ihr Opfer läge das Uhrwerk der Natur nach wie vor im tiefen Dunkel. Die Biologen trennten Organe von Säugetieren aus dem Körper, ernährten sie künstlich und untersuchten, ob sie rhythmisch aktiv sind. Sie zerstörten gezielt Teile des Nervensystems und beobachteten, ob die Versuchstiere danach ihr Zeitgefühl verloren.

Doch der große Wurf wollte lange nicht gelingen: Der deutsche Chronobiologie-Pionier Erwin Bünning entdeckte zwar eine «physiologische Uhr im Säugerdarm ohne zentrale Steuerung», so der Titel einer 1958 erschienenen Publikation. Und Kollegen spürten in Hormondrüsen und anderen Organen tagesrhythmische Aktivitäten auf. Doch niemand glaubte, dass an einem dieser Orte tatsächlich das übergeordnete Zentrum biologischer Zeitmessung beheimatet war. Es handelte sich offensichtlich um untergeordnete Rhythmus-Generatoren, die zum Timing einzelner Prozesse, nicht aber des gesamten Körpers beisteuerten. Doch wie wurden diese koordiniert? Sie schwangen allein gelassen weder dauerhaft noch im gleichen Takt. Gesucht wurde nach wie vor der Dirigent, der das rhythmische Geschehen des gesamten Organismus mit feinen Fühlern überwacht und mit periodischen Signalen lenkt.

Erst 1972 wendete sich das Blatt: Gleich zwei Forscherteams studierten die Anatomie des Gehirns der Ratte und entdeckten rätselhafte, ungewöhnlich feine Nervenfasern, die von der Netzhaut des Auges nicht wie gewöhnlich zum Sehzentrum in der hinteren Großhirnrinde führten, sondern bereits in einem kleinen Areal des Zwischenhirns endeten, das dicht über der *Chiasma opticum* genannten Stelle lag, wo sich die Sehnerven kreuzen. Noch im selben Jahr zerstörten Kollegen bei einigen Ratten den winzigen Kern oder Nukleus, wie Hirnforscher derartige Nervenanhäufungen im Gehirn nennen, und registrierten erstaunt, dass die so veränderten Tiere äußerlich zwar völlig gesund waren, aber jeglichen Tagesrhythmus verloren hatten – vom Ruhe-Aktivitäts-Zyklus über die Hormonschwankungen bis zur Periodik der Körpertemperatur.

Die zentrale Uhr war gefunden. Die Forscher vermuteten, dass die feinen Fasern, die vom Auge zu dem rätselhaften Nervenhaufen führen, die Lichtsignale zur inneren Uhr transportieren und diese so in Gleichklang mit der Außenwelt bringen.

Wegen seiner Lage über dem *Chiasma* wurde das Areal «Suprachiasmatischer Nukleus» genannt, kurz SCN. Könnte man seinen Zeigefinger von der Nasenwurzel in Richtung Kopfmitte stecken, würde man ihn ungefähr dann berühren, wenn der Finger fast im Kopf verschwunden ist. Der SCN, der aus zwei dicht beieinander liegenden ovalen Bündeln besteht, ist doppelt außergewöhnlich: Seine Nerven sind auffallend klein und extrem dicht gepackt. Bei der Ratte messen die symmetrisch auf beide Hirnhälften verteilten Kerne weniger als einen Millimeter und enthalten rund 16 000 Zellen. Beim Menschen sind sie etwas größer und enthalten rund 50 000 Nerven. Die hervorstechende Struktur war zwar schon 1927 aufgefallen, niemand wusste jedoch, wozu sie gut war.

In den Jahrzehnten nach seiner Entdeckung gab der SCN immer mehr Geheimnisse preis, aber auch neue Rätsel auf. Forscher ließen einzelne seiner Nerven in Zellkulturen wachsen und beobachteten auch drei Wochen später noch regelmäßige Aktivitätsschwankungen: Tagsüber sind die Nerven elektrisch aktiv, nachts nicht, wobei es egal ist, ob sie von nacht- oder tagaktiven Tieren stammen. Scheinbar ist jeder Nerv des Kerns eine eigene Uhr, die signalisiert, es ist Tag. Bei manchen Tieren bewirkt das Signal Ruhe, bei anderen Aktivität. Dass das Uhrwerk der Natur klein genug ist, um in eine einzelne Zelle zu passen, es also zum Schwingen nicht die Wechselwirkung mehrerer Nerven benötigt, überraschte zu diesem Zeitpunkt kaum noch. Immerhin hatte man innere Uhren bereits bei Einzellern und Bakterien gefunden. Auch dass der Rhythmus wie bei Organismen, die ohne äußere Einflüsse leben, nicht exakt auf 24 Stunden getaktet ist, schien logisch. Waren die kultivierten Zellen letztlich doch auch von der Außenwelt abgeschnitten.

Der entscheidende Beweis für die Bedeutung des Nervenbündels im Zwischenhirn gelang 1990. Michael Menaker von der University of Virginia, USA, operierte mit Kollegen einigen Hamstern den SCN heraus, um ihn bei anderen Hamstern einzupflanzen. Vor der Operation hatten die Spender einen angeborenen, zu schnellen Rhythmus, und die Empfänger waren normal. Nach der Operation war es umgekehrt. Deutlicher lässt sich die taktgebende Aufgabe des SCN wohl kaum belegen.

Doch solche Transplantate sind nach wie vor physiologisch isoliert. Keine Nerven verbinden sie mit dem Rest des Körpers. Ihre Zellen verhalten sich, als wüchsen sie in Zellkultur. Sie behalten ihre Rhythmik bei, wählen aber einen falschen Takt. Offenbar kann der Körper die Uhr ohne direkten Kontakt nicht mehr nachstellen. Und trotzdem folgte der Ruhe-Aktivitäts-Zyklus der Tiere den Signalen des Taktgebers. Es schien, als empfingen die Tiere ihre Signale nicht auf elektrischem Weg über Nervenverbindungen, sondern als chemische Post per Botenmolekül.

Sind also alle Nervenverbindungen zwischen dem Dirigenten hinter den Augen und dem Rest des Körpers nur Eingänge, die ihn mit Informationen über die äußere Zeit versorgen? Nein, im Gegenteil: Als Biologen genauer hinsahen, merkten sie, dass nur das zeitliche Aktivitätsprogramm und der Schlaf-Wach-Rhythmus ohne Nervenverbindungen zum Chronozentrum auskommen. Alle anderen Rhythmen, sei es die pendelnde Hormonausschüttung oder die Schwankung der Körpertemperatur, gehen verloren, wenn man die Nerven zwischen der zentralen biologischen Uhr und dem Rest des Gehirns durchtrennt.

Heute wird allmählich klar: Die Nerven des SCN übermitteln ihren Rhythmus nur zum Teil mit chemischen Botenstoffen, vor allem aber mit unzähligen langen Auswüchsen, die in viele verschiedene Zentren des Gehirns führen. Sie enden in Knoten, die wiederum eine Reihe unbewusster physiologischer Prozesse – wie den Blutdruck, die Hormonausschüttung, die Körpertemperatur oder die Arbeit einzelner Organe – kontrollieren. Schließlich reagiert der SCN auch noch auf die vielen rhythmischen Signale des Körpers, die er selbst kontrolliert. Wie der Dirigent eines Orchesters sich nach jedem einzelnen Musiker richten muss, so ist auch das Handeln der zentralen Uhr des Lebens ständig vom Feedback geprägt.

Eines der letzten Rätsel des Chronozentrums löste ein Forscherteam um Shun Yamaguchi von der Universität in Kobe, Japan, 2003: Wenn jede SCN-Zelle eine eigene kleine Uhr ist, wieso schlagen dennoch alle im gleichen Takt? Zunächst pflanzten die Forscher ein Leucht-Gen in die SCN-Zellen von Mäusen ein, das nur dann einen Leuchtstoff erzeugte, wenn auch ein bestimmtes Uhren-Gen abgelesen wurde. Danach beobachteten sie bei mehreren hundert Zellen zugleich, wann sie aufleuchteten. Es stellte sich heraus, dass die Zellen sich automatisch synchronisieren, wenn sie elektrisch aktiv sind. Das Signal einer Zelle treibt die innere Uhr der nächsten an und so weiter. Wie beim Herzen, dessen Muskelzellen ebenfalls gekoppelt sind, wandert letztlich eine Erregungswelle von oben nach unten durch den Zellhaufen.

Mittlerweile hat sich das Chronozentrum im Zwischenhirn zu einem Modellsystem gemausert, an dem auch Neurobiologen interessiert sind. Kaum ein anderer Teil des Gehirns von Säugetieren ist räumlich so gut eingrenzbar und besitzt gleichzeitig eine so klar umrissene, einheitliche Funktion mit gut definierbaren Ein- und Ausgängen wie der Dirigent hinter dem Auge.

Über die vergleichbaren Organe bei anderen Organismen weiß man weniger. Zwar scheint es nirgends eine derart eindeutige Rollenzuweisung wie bei den Säugern zu geben. Doch tauchen immer wieder enge Verbindungen zwischen biologischer Uhr und Lichtsinn, also dem äußeren Hell-dunkel-Rhythmus, auf: Bei Vögeln und Reptilien teilen sich meist die Augen, der SCN und das so genannte Pinealorgan die Aufgaben. Ins Bild passt, dass das dicht unter der Haut am Hinterkopf sitzende Pinealorgan bei diesen Tieren anders als bei Säugetieren noch lichtempfindlich ist und deshalb auch «drittes Auge» genannt wird. Unter anderem mit Hilfe des Hormons Melatonin meldet es die Helligkeit an die innere Uhr und stellt sie so im Zweifelsfall nach. Auch bei Schnecken und Amphibien sitzt ein zentraler Rhythmusgenerator in den Augen, während er bei den meisten Insekten in den Teilen des Gehirns sitzt, die die Augen kontrollieren.

Bei Schmetterlingen tauschten Forscher die gesamten Gehirne von Tieren verschiedener Arten aus, die zu unterschiedlichen Tageszeiten schlüpfen. Danach bestimmte das Gehirn des Spenders die Schlüpfzeit. Und das offenbar per Botenstoff-Signal, denn die Hirne wurden der Einfachheit halber in den Bauch der Empfänger gelegt.

Maus und Fliege haben *clock*

Die Fruchtfliege Drosophila ist das liebste Tier der Genetiker. In mühsamer Kleinarbeit päppeln sie Generationen von Abertausenden der winzigen Insekten auf, beobachten und testen sie, um so genannte Mutanten herauszufischen, die aufgrund einer genetischen Veränderung anders als die anderen sind. Nicht zuletzt über eine gezielte Weiterzüchtung und Manipulation der Tiere versuchen die Wissenschaftler nun das Gen zu finden, das verändert ist. Haben sie es eingekreist, vermehren sie es, bestimmen seine chemische Struktur und erkunden Bau und Funktion des Eiweißes, das es kodiert.

Der wichtigste Hinweis auf die Funktion ist natürlich jene Auffälligkeit, die ursprünglich zur Auswahl der Mutante führte. Sie gibt dem Gen oft auch seinen Namen, der dann in der Regel die Funktion beschreibt: *hairy* macht haarig, *hunchback* macht einen Buckel – und *period* bestimmt periodisches Verhalten. Die Entdeckung des period-Gens war 1984 eine chronobiologische Sensation und markierte gleichzeitig die Geburtsstunde der Chronogenetik, der Suche nach den genetischen Grundlagen der biologischen Zeitmessung. Das von ihm kodierte Eiweiß ist nämlich eines der Rädchen im Uhrwerk der Fliegen, und damit ist period das erste Gen der biologischen Uhr, das überhaupt dingfest gemacht wurde.

13 Jahre hatte es gedauert, bis die Genetiker jenes Stück Erbgut endlich einkreisen konnten, dessen Veränderung verantwortlich ist für den falschen Tagesrhythmus einer seit 1971 bekannten Fliegen-Mutante. Damit war das Prinzip der Chronogenetik bewiesen, und die Wissenschaftler intensivierten den Einsatz. Schnell fanden sie weitere Gene wie das Uh-

ren-Gen frequency des Schlauchpilzes *Neurospora*, das als Nächstes isoliert, identifiziert und aufgeklärt wurde. Die Veränderung des Gens führte zu Pilz-Mutanten, deren ungewöhnliche Wachstumsrhythmen den Forschern zum Teil bereits seit drei Jahrzehnten Rätsel aufgegeben hatten.

Es folgten zwei weitere Uhren-Gene der Fruchtfliege: *clock*, für «Uhr» und *timeless* für «zeitlos». Ein regelrechter chronogenetischer Goldrausch setzte schließlich in den letzten Jahren des vergangenen Jahrhunderts ein: 1997 identifizierten die Genetiker bei Mäusen ein Gen, das dem clock der Fliege ähnlich ist. Es wurde mouse-clock genannt und war wieder eine echte Sensation: Nicht nur, dass es das erste bekannte Uhren-Gen eines Säugetiers und damit auch des Menschen war. Es unterstrich vor allem die Bedeutung der inneren Uhren für das Leben, wenn das Uhren-Gen sich von der Fliege bis zur Maus – also über 700 Millionen Jahre Evolution hinweg – in ähnlicher Struktur und Funktion erhalten hat.

Die Sensation setzte sich fort: Noch 1997 und 1998 entdeckten die Forscher bei der Maus gleich drei period-Gene, von denen zumindest das erste eindeutig mit dem Insektenperiod verwandt ist – und sie fanden ein timeless-Gen, das ohne Zweifel dem timeless von Drosophila nahe steht. Bis in die Gegenwart werden weitere Uhren-Gene aufgespürt, nicht nur bei Insekten und Säugern, sondern auch bei den anderen Modellorganismen der Chronobiologie, dem Schlauchpilz, den Cyanobakterien und der Ackerschmalwand *Arabidopsis*.

Mittlerweile scheint das Gros der Zahnrädchen biologischer Uhren gefunden. Und die Forscher haben bereits eine Reihe überzeugender Versuche unternommen, sie in Modellen zu

Uhrwerken zusammenzusetzen. Weil aber noch immer neue Uhren-Gene auftauchen und die bestehenden Modelle manchem Experiment nicht standhalten, ist die Suche nach ihrem exakten Zusammenspiel keineswegs abgeschlossen.

Das Pendel in den Genen

Die Zelle ist die kleinste Einheit, die aus eigener Kraft fähig ist, zu leben und sich zu vermehren. Seit dem 19. Jahrhundert gilt sie als Elementarorganismus, der prinzipiell überall ähnlich gebaut ist, vom Bakterium bis zum Menschen. Natürlich sind Zellen unterschiedlich groß, sie haben verschiedene Formen und zum Teil ganz andere Bauelemente, mit denen sie ganz verschiedene Dinge tun. Und doch haben sie alle ein oder mehrere Stücke Erbsubstanz mit einem genetischen Kode, der eine Abfolge von Aminosäuren repräsentiert, aus denen sie mit Hilfe von Enzymen Eiweiße zusammenbauen können. Weil Eiweiße nichts anderes sind als eine lange Kette von Aminosäuren, bilden die Glieder der langen Kette der Erbsubstanz Desoxyribonukleinsäure, kurz DNA oder DNS, einen Text, der den Bauplan aller Eiweiße enthält, die ein Organismus zum Leben braucht.

Manche der Eiweiße sind Baumaterial. Sie bilden die Zellwand oder Stützstrukturen im Innern einer Zelle. Andere dienen dem Stoffwechsel. Sie helfen der Zelle beim Atmen und bei der Energiegewinnung. Wieder andere sind Botenstoffe, die die Zelle nach außen abgibt, oder Signalempfänger, die sie in ihre Außenwand einbaut, um auf Botenstoffe anderer Zellen reagieren zu können. Zu den wichtigsten Eiweißen zählen so genannte Transkriptionsfaktoren. Sie entscheiden, welche Gene abgelesen werden, und bestimmen damit, welches Eiweiß eine Zelle in welchem Umfang produziert. Dazu binden sie an eine bestimmte, dafür vorgesehene Stelle der Erbsubstanz an und blockieren oder aktivieren die Übersetzung benachbarter DNA-Stücke in neue Lebensbausteine.

Die Chronogenetiker fanden heraus, dass das clock-Eiweiß ein solcher Transkriptionsfaktor ist. Daraus schlussfolgerten sie, dass das Uhrwerk der Natur nichts anderes als ein Pendel in den Genen ist. Die Uhren-Gene werden abgelesen, und mit einer gewissen Zeitverzögerung bildet die Zelle daraus Eiweiße, welche wiederum die eigene Produktion hemmen. Die Zeitverzögerung ist wichtig, weil erst sie Dynamik in den Regelkreis bringt. So kann die Konzentration eines Eiweißes in der Zelle kontinuierlich ansteigen, bevor es langsam, aber sicher beginnt, sich selbst den Hahn zuzudrehen. Irgendwann überschreitet die Menge des Uhren-Proteins ein Maximum. Nun sinkt sie wieder ab, bis die Hemmung des Uhren-Gens erneut aufgehoben wird und die Pendelbewegung von vorne beginnt.

Jetzt ist es nur noch eine Frage der Parameter, geschickt gewählter Zeitkonstanten und Verstärkungsfaktoren, dass die Menge der Uhren-Eiweiße unaufhaltsam und periodisch in der Zelle auf und nieder schwingen. Ihre Konzentration dient letztlich als Taktgeber der physiologischen Uhr, so wie es der Schlag des mechanischen Pendels für eine Standuhr ist. Darüber hinaus beeinflussen die Uhren-Gene vermutlich auch das Ablesen weiterer Gene, deren Produkte dann ebenfalls im Rhythmus der Uhr auf und nieder schwingen. Wie biologische Uhrzeiger benutzt die Uhren-Zelle diese Eiweiße als Substanzen, die sie nach außen abgibt oder mit deren Hilfe sie ihre eigene elektrische Leitfähigkeit verändert, um chemische wie nervöse Zeitsignale in den Körper zu tragen.

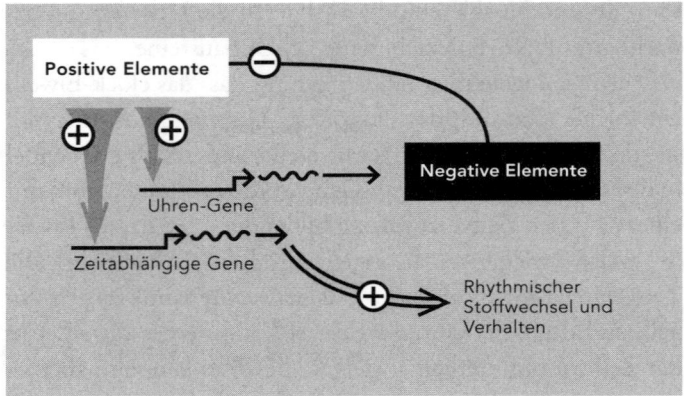

Das Grundschema einer biologischen Uhr. Positive Elemente aktivieren Uhren-Gene und andere zeitabhängige Gene. Die Produkte der Uhren-Gene hemmen als negative Elemente die Produktion der positiven Elemente.

Muss die Uhr verstellt werden, weil es plötzlich früher als vorgesehen hell oder dunkel wird, kann ein weiteres, von außen angeregtes biochemisches Signal die Rückkopplungsschleife antreiben oder verlangsamen, indem es die Produktion einer ihrer Komponenten fördert oder hemmt.

So weit die Theorie. Die ersten, um die Jahrtausendwende aufgestellten Modelle der Mäuse-Uhr klingen angesichts der Vielzahl beteiligter Substanzen etwas komplizierter: Das clock-Eiweiß lagert sich mit dem Produkt eines bmal-1 genannten Gens zusammen. Gemeinsam regen sie das Ablesen so genannter Uhren-kontrollierter Gene an, deren Produkte letztlich das Zeitsignal der Uhren-Zelle in den Körper exportieren und so die rhythmischen Veränderungen des Organismus bewirken. Außerdem aktiviert der Komplex aus bmal-1- und clock-Eiweiß die drei period-Gene und zwei Gene namens cryptochrom-1 und -2. Es dauert eine Weile, bis die so erzeugten Eiweiße in größerer Menge in der Zelle treiben. Dann lagern sie sich ebenfalls aneinander und werden aktiv. Die Zusammenlagerungen der Stoffe bewirken vermutlich, dass sie stabiler sind und nicht so schnell abgebaut werden können, was eine zusätzliche Zeitverzögerung in die Rückkopplungsschleife bringt.

Der aktive Komplex aus den Eiweißen je eines period- und eines chryptochrom-Gens hemmt nun die eigene Produktion, je nach Modell entweder indirekt, indem er die Bildung von bmal-1-Proteinen unterdrückt, oder direkt, indem er die Arbeit des Doppelmoleküls aus bmal-1- und clock-Eiweiß blockiert. Damit ist die Rückkopplungsschleife geschlossen, und das Uhrwerk funktioniert.

Wahrscheinlich ist das Uhrwerk in der Natur sogar noch etwas komplizierter: Zum einen fanden die Forscher weitere Uhren-Gene, etwa das rev-erb-α, dessen Ablesen vermutlich parallel zu dem der period-Proteine und der Uhren-kontrollierten Gene angeregt wird. Sein Produkt hemmt auf direktem Weg die Produktion des bmal-1-Eiweißes und soll das Uhrwerk zusätzlich stabilisieren und den Kontrast zwischen den maximalen und minimalen Konzentrationen der Uhren-Eiweiße verstärken. Auch das bei Mäusen wegen angeblicher

Funktionslosigkeit eingemottete timeless wurde 2003 wieder hervorgekramt: In einer bislang kaum beachteten langkettigen Variante soll sein Eiweiß ähnlich wie die period-Proteine wirken.

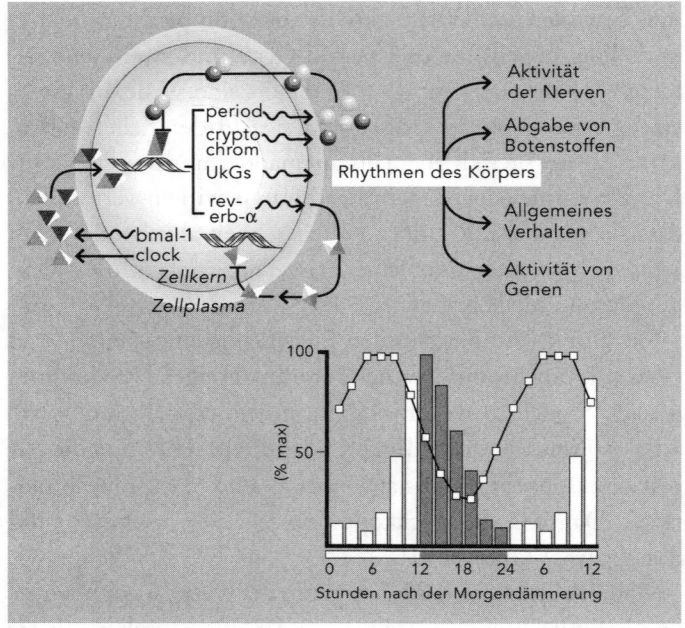

Modell des Uhrwerks einer Maus. Ein Komplex aus bmal-1- und clock-Proteinen regt das Ablesen verschiedener Gene an. Deren Produkte hemmen ihre Produktion sowohl direkt (period- und cryptochrom-Eiweiße) als auch indirekt (rev-erb-α-Eiweiß). Uhren-kontrollierte Gene (UkGs) exportieren das Zeitsignal in den Körper. Unten ist die Schwankung der period-1-Genaktivität (Linie) und der Menge des dadurch erzeugten Proteins (Balken) im Laufe eines Tages dargestellt.

Zum anderen ergaben Experimente und biochemische Analysen Resultate, die mit dem einfachen Modell nicht vereinbar sind. So können zum Beispiel die einzelnen Uhren-Eiweiße in verschieden langen Zyklen auf und nieder schwingen oder unterschiedlich schnell auf einen künstlich herbeigeführten Jetlag reagieren. Außerdem behält die biologische Uhr ihre Rhythmik auch dann noch bei, wenn eines der eben beschriebenen Rädchen ausfällt.

Der deutsche Chronobiologe Till Roenneberg schlägt deshalb mit seiner Kollegin Martha Merrow ein neues Modell vor: «Wenn wir die Uhren-Gene und ihre Produkte als individuelle, miteinander vernetzte und aneinander gebundene Regelkreise betrachten, erhalten wir neue Einblicke in ein enorm plastisches System.» Damit ließen sich auch die komplizierteren Aspekte innerer Uhren verstehen, etwa dass die Zeitmesser von Menschen unterschiedlich auf medizinische Eingriffe reagieren, auf Jetlags oder Schichtarbeit.

Genau besehen postuliert das «zirkadiane Netzwerk» der beiden Münchner Forscher gleich mehrere Uhrwerke in einer Zelle. Alle werden von dem Komplex aus bmal-1- und clock-Proteinen angetrieben. Gleichzeitig gibt es jedoch verschiedene Gegenpole, unter anderem die period- und chryptochrom-Eiweiße, das rev-erb-α-Produkt und ein Protein, das von zwei neu entdeckten, dec-1 und -2 abgekürzten Uhren-Genen stammt. Weil die Regelkreise nur aneinander gekoppelt, nicht jedoch ineinander verzahnt sind, ist ein solches Uhrwerk flexibler als das bisherige Modell.

Einen Hinweis, dass die Natur tatsächlich derart komplex die Zeit misst, fand Roenneberg übrigens schon 1993: Bei der einzelligen Grünalge *Gonyaulax* entdeckte er zwei voneinander unabhängige physiologische Uhren. Dass man diese Resultate durchaus übertragen kann, legen die Vergleiche der bisherigen Uhrwerk-Forschung zu Insekten, Mäusen und Pilzen nahe: Alle Uhren scheinen nicht nur verwandte Gene zu haben, sondern auch ganz ähnlich zu funktionieren.

Uhren überall

Nachdem die Uhren-Gene des Suprachiasmatischen Kerns endlich gefunden waren, leiteten die Forscher die Suche nach den untergeordneten Uhren im Körper ein. Die SCN-Gene dienten ihnen dabei als Angelhaken, mit denen sie gezielt die rhythmisch aktiven Gewebe aus anderen Stellen der Modellorganismen fischen wollten.

Und sie wurden fündig: In der Fruchtfliege schwankt das period-Protein in zahllosen Organen tagesrhythmisch auf und ab, und zwar in den «Insekten-Nieren», Malpighi-Gefäße genannt, den Riechorganen und anderen Sinneszellen, sogar in der Haut, die sich offenbar aufgrund einer eigenen Uhr jeden Tag zu einer bestimmten Zeit etwas verdickt. Koppelten die Molekularbiologen die Aktivität des Uhren-Gens an ein Leucht-Gen, begannen die Fliegen fast am ganzen Körper zu glimmen. Viele Drosophila-Uhren halten sogar im Reagenzglas ihren Rhythmus lange Zeit bei und passen sich auch ohne Dirigenten an geänderte Hell-Dunkel-Rhythmen an.

Solche Funde blieben nicht auf Insekten beschränkt. Alle komplexen, mehrzelligen Lebensformen scheinen viele innere Uhren zu besitzen. Und diese sind in ungleich höherem Maße unabhängig von den zeitmessenden Dirigenten in Augen oder Gehirnen, als man noch vor zehn Jahren vermutete. Das Dogma, es gebe nur eine zentrale Uhr, die den rhythmischen Zellen überall im Körper ihr Verhalten diktiere, ist gefallen, urteilt der US-amerikanische Chronogenetiker Jay Dunlap: «Stattdessen schätzen wir vielzellige Organismen nun als umfangreiche Sammlungen zirkadianer oszillatorischer Zellen, als regelrechte Uhrengeschäfte.»

Bei den Säugetieren – und damit auch beim Menschen – finden sich die Zeitmesser ebenfalls überall: in Leber, Lunge, Niere, Herz und Darm, in den Blutgefäßwänden, der Netzhaut der Augen, verschiedenen Hormondrüsen, einigen Teilen des Gehirns jenseits des SCN und sogar in einzelnen Zellen des Bindegewebes. Als ihre Zahnrädchen tauchen zunächst die üblichen Verdächtigen wieder auf: Viele Uhren-Gene stimmen mit denen des zentralen Rhythmusgenerators überein, und doch regeln oft noch andere Gene mit oder ersetzen eines der bekannten Rädchen.

Die Chronobiologen isolierten einzelne rhythmische Zellen und untersuchten sie im Reagenzglas. Die Uhrwerke schwangen noch einige Tage weiter, jedoch immer schwächer, und spätestens nach einer Woche lief die Schwingung aus. Offenbar ist es eine der Aufgaben der zentralen Uhr, das Pendel in den Organ-Uhren in Schwung zu halten. So erklärt sich auch, warum Mäuse jeglichen Tagesrhythmus verlieren, wenn ihr Chronozentrum ausfällt.

Wie die Signale der Haupt-Uhr in den Rest des Körpers gelangen, ist noch unklar: Die strenge und direkt gesteuerte Rhythmik der Körpertemperatur könnte ebenso als Zeitsignal dienen wie die Schwankungen von Hormonen und die elektrische Aktivität direkter Nervenverbindungen zwischen Gehirn und Organen. Einen Großteil seiner Arbeit verrichtet der zentrale Taktgeber aber indirekt. Indem er beispielsweise bestimmt, wann der Organismus aktiv ist, wann er ruht oder isst, fordert er viele seiner Organe zum regelmäßigen Arbeiten auf und liefert deren Uhren die entscheidende zeitliche Stabilität.

Allerdings gehen die so genannten peripheren Uhren im Vergleich zur zentralen Uhr gewaltig nach. Die Konzentrationen ihrer Uhren-Eiweiße erreichen die Höchst- und Tiefststände meist vier bis sechs Stunden später als in den Nerven des Chronozentrums. Das heißt natürlich nicht, dass die Organe mit ihrer Arbeit immer zu spät dran sind. So wie tag- und nachtaktive Tiere das Signal der zentralen Uhr gegensätzlich interpretieren, wissen auch die Organe, wie sie auf die Rhythmik ihrer eigenen Uhr reagieren müssen.

Ganz allmählich klärt sich also das Bild, wie das Zusammenspiel der Zeitmesser funktioniert: Die Uhren in den äußeren Geweben des Körpers seien keine Sklaven der zentralen Uhr, sondern bildeten mit ihr gemeinsam ein «Resonanz-Netzwerk», formuliert der Brite Michael Hastings. Das Nervenbündel über der Sehbahnkreuzung verhindert dabei das Chrono-Chaos: Es gibt die Stärke und den Takt der Schwingungen im Netzwerk vor und reagiert auf Einflüsse von außen. Gleichzeitig wird es aber auch von den Organ-Uhren beeinflusst. So können die Uhrwerke in den äußeren Geweben beispielsweise auf Signale reagieren, für die das Zentrum im Gehirn unempfindlich ist. Uhren in der Leber von Ratten antworten etwa auf ungewöhnliche Fütterungszeiten mit einer Umstellung, die etwas später auch den Dirigenten hinter den Augen und schließlich den gesamten Körper erreicht.

Kaum ein Winkel und kaum eine Substanz des Körpers kann sich der Tages-Periodik entziehen: Den darauf abgestimmten Uhrwerken in Leber, Herz, SCN und wahrscheinlich auch in anderen Organen folgt die Aktivität von bis zu einem knappen Zehntel aller in der jeweiligen Zelle abgelesenen Gene. Die Menge ihrer Produkte schwingt tagesrhythmisch auf und nieder. Und weil in jedem Organ andere Gen-Gruppen aktiv sind, unterliegen so fast alle Lebensbausteine zumindest teilweise dem Einfluss des Netzwerks der zahllosen biologischen Rhythmus-Generatoren.

Angesichts dieser Erkenntnisse wachsen die Warnungen vor einem zu sorglosen Umgang mit den Rhythmen unseres Körpers. Wer beispielsweise per Schichtarbeit die empfindliche Balance im Uhren-Netz gefährdet, muss mit ernsten Gesundheitsstörungen rechnen, die mehrere Organsysteme zugleich betreffen können. Und tatsächlich beobachten Mediziner solche Krankheitsbilder verstärkt bei Menschen, die anhaltend gegen die natürlichen Vorgaben ihrer physiologischen Zeitmesser leben.

Wie das Licht zur Uhr kommt

Etwa 20 Jahre ist es her, da stellten Chronobiologen eine These auf, die in Fachkreisen nur Kopfschütteln auslöste: Neben den drei Arten von Zapfen für das Sehen der Grundfarben und den Stäbchen, die Hell-Dunkel-Unterschiede registrieren, gebe es im Auge von Säugetieren noch einen weiteren

Lichtsinn. Er versorgte die biologische Uhr mit Informationen über die Tageszeit – eine Aufgabe, die bei Vögeln und Reptilien das Pinealorgan übernimmt. Weil das Pinealorgan der Säuger, auch Zirbeldrüse genannt, aber nur noch Melatonin produziert und auf Beleuchtungsänderungen nicht reagiert, galten bis zum Aufstellen der gewagten These die Stäbchen und Zapfen als einzige Kandidaten für die Eingangspforte des Lichts zur Uhr des Menschen.

Auf ihre Lichtsinn-These brachten die Forscher Studien mit Blinden, denen Ärzte aus kosmetischen Gründen die Augen wegoperiert hatten. Vor der Operation hatten die Patienten noch einen intakten inneren Tagesrhythmus gehabt. Sie schliefen nachts und wachten tags. Ohne Augen lief ihre Uhr aus dem Ruder, offenbar weil ihnen ein bis dato unentdeckter Lichtsinn nun auch noch geraubt worden war. Nicht zuletzt deshalb sind solche Operationen heute unüblich geworden.

Experimente mit Mäusen bestätigten 1999 die anfangs belächelte These der Chronoforscher: Genetiker erzeugten Tiere, die weder Stäbchen noch Zapfen bilden konnten. Obwohl sie nach damaligem Wissensstand kein Quant Licht mehr registrieren durften, passten sie sich an künstlich verschobene äußere Tagesrhythmen an. Außerdem reagierten sie mit Pupillenreflexen auf Helligkeitsänderungen. Wie erfuhren sie aber, wann im Labor das Licht an- und ausgeknipst wurde?

Die Antwort ließ nicht lange auf sich warten: Zwei Jahre später überschwemmten Fachartikel die wichtigsten Wissenschaftsmagazine. Jeder lieferte ein Puzzlestück, bis sich schließlich ein klares Bild zusammensetzte: Ein kleiner Teil der so genannten retinalen Ganglionzellen, das sind Nerven, die mit weiten Verzweigungen die Netzhaut des Auges durchziehen und Auswüchse bis in die Tiefen des Gehirns senden, enthält ein lichtempfindliches Pigment namens Melanopsin. Das Gros dieser Nerven ist melanopsinfrei. Es reagiert nicht selbst auf Licht, sondern sammelt die Informationen der Stäbchen und Zapfen und liefert sie zur Großhirnrinde, wo die Bilder entstehen, die wir als Produkt unserer Augen kennen.

Die Melanopsin enthaltenden Zellen verändern dagegen ihre elektrische Leitfähigkeit, wenn sie Licht registrieren – am besten übrigens aus dem blauen Teil des Spektrums. Diese Informationen senden sie unter anderem über die 1972 entdeckten Fasern, die halfen, den SCN zu finden, zum Zentrum der physiologischen Zeitmessung und zu der Stelle, die die Pupillenreflexe steuert. Mäuse, die kein Melanopsin erzeugen, zeigen nur noch geringe Pupillenreflexe und eine schwache Kopplung der biologischen Uhr an den äußeren Helligkeitsrhythmus. Dafür sind Restinformationen verantwortlich, die einer aktuellen Studie zufolge aus den Stäbchen und Zapfen stammen müssen. Denn noch mehr Lichtsinneszellen gibt es offenbar nicht: 2003 bewiesen Biologen, dass Mäuse, denen Stäbchen, Zapfen und Melanopsin-Zellen fehlen, in jeder Hinsicht blind sind.

«Wir können nun sicher sein, dass das Auge zwei verschiedene Systeme zur Lichtverarbeitung besitzt: Stäbchen und Zapfen, die uns ein Gefühl für den sichtbaren Raum geben, und das neue System, das Informationen liefert über die allgemeine Helligkeit in der Umgebung», fasst der britische Neurobiologe Russell Foster die Resultate zusammen. Die weit verzweigten Melanopsin-Zellen sammeln das Licht, das auf große Teile der Netzhaut fällt, und reagieren nicht auf blitzartige Helligkeitsänderungen. So mitteln sie die Lichtmenge über den Raum und über eine gewisse Zeitspanne hinweg – und übrig bleibt ein Signal, das der inneren Uhr genau sagt, was sie wirklich wissen will: wie hell es gerade ist.

Die physiologischen Zeitmesser fast aller Lebewesen werden durch Licht verstellt. Die täglichen Wechsel zwischen hell und dunkel gelten nicht umsonst als stärkste Zeitgeber der inneren Uhren: Registriert etwa das rhythmisch aktive Auge einer Meeresschnecke, das Pinealorgan der Vögel oder das Zwischenhirn des Menschen, dass es in der vermeintlich frühen Nacht noch hell ist, die innere Uhr also zu schnell geht, setzt sich das Pendel in den Genen ein Stück zurück – und zwar umso stärker, je später es bereits ist. Steht die innere Uhr schon auf späte Nacht, wenn es hell wird, was in der Natur nur passiert, wenn sie zu langsam geht, rückt das Pendel vor.

Extreme Differenzen zwischen Lichtwahrnehmung und interner Uhrzeit, wie sie nach einem Flug über mehrere Zeitzonen hinweg auftreten, gleicht dieses System natürlich nicht in einem Tag aus. Ein ordentlicher Jetlag hält einige Tage an, wobei er sich allmählich abschwächt, bis er völlig verschwunden ist.

Doch wie funktioniert die Umstellung der Uhr auf der Ebene des molekulargenetischen Uhrwerks? Diese Frage ist noch nicht erschöpfend geklärt. Sicher ist, dass die Netzhautsignale in den zentralen Uhrzellen von Mäusen die Aktivität von mindestens drei Uhren-Genen verändern: period-1 und -2 sowie dec-1. Jedes Gen scheint dabei seine Information über einen anderen biochemischen Kanal zu erhalten, denn das Lichtsignal wirkt sich auf die Gene zu unterschiedlichen Zeiten unterschiedlich stark aus. So wird period-1 durch Licht in der späten Nacht angekurbelt, was die Uhr beschleunigt, und period-2 reagiert vor allem auf Licht in der frühen Nacht, was die Uhr ein Stück zurücksetzt.

Je nachdem, zu welchem Zeitpunkt im molekularen Auf und Nieder der Umstell-Impuls also gerade kommt, und je nachdem, welche der Gene besonders betroffen sind, wird die Uhr graduell zurück- oder vorgestellt – und das so lange, bis sie wieder im Einklang mit den äußeren Signalen schwingt.

Was indes passiert, wenn eines der beteiligten Gene nicht richtig arbeitet und das Pendel in den Genen trotz permanenten Nachstellsignals laufend aus dem Gleichgewicht gerät, zeigt eine Entdeckung von Schlafforschern und Neurobiologen der University of Utah in Salt Lake City, USA: Sie untersuchten 2001, warum manche Menschen am vererbten Syndrom der vorverlagerten Schlafphase leiden. Diese Patienten sind extreme Frühaufsteher, sie werden schon nachmittags müde, und auch ihre anderen inneren Rhythmen gehen ungefähr vier Stunden vor. Die US-Forscher fanden bei ihnen eine Mutation im period-2-Gen.

Eine Uhr für den Mittagsschlaf

Dass fast alle Lebewesen sich beim Kontrollieren ihres Zeitgefühls auf Licht verlassen, wundert kaum. Alle anderen Umweltfaktoren, die für gewöhnlich tageszyklisch schwanken, sind störungsanfälliger und hängen meist selbst vom Hell-Dunkel-Wechsel ab. Nur wenige Lebewesen reagieren empfindlich auf Temperaturschwankungen. Wird es kälter, zeigt ihnen dies zum Beispiel den Beginn der Nacht an. So geht die

Uhr des Schlauchpilzes *Neurospora* immer dann am genauesten, wenn Licht- und Temperatursignale gemeinsam den Takt vorgeben. Besonders wichtig ist die Außentemperatur für die Zeitmessung kaltblütiger Tiere. Dadurch können zum Beispiel Reptilien exakter abschätzen, wann sie sich vor sinkenden Temperaturen schützen müssen oder auf steigende Temperaturen einrichten dürfen.

Auch andere Informationen können den Lichtsinn zumindest ergänzen. Manche Singvögel richten ihre Uhr im Frühjahr danach aus, wann die Artgenossen singen. Fruchtfliegen erzeugen vermutlich sogar Duftstoffe, mit deren Hilfe sie ihre Uhren aufeinander abstimmen. Beide Tiergruppen sichern damit, dass soziale Kontakte nicht zeitlich aneinander vorbeilaufen. Ganz ähnlich mag es in mancher Menschenfamilie aussehen, in der Lang- und Kurzschläfer zusammenleben. Wollen alle gemeinsam frühstücken, müssen sie – egal wie schwer es fällt – ihren Tagesrhythmus einander angleichen. Chronobiologisch gesehen ist die Mahlzeit dann schlicht ein wichtiger sozialer Zeitgeber.

Seit wenigen Jahren konzentrieren sich die Forscher jedoch auf zwei andere Kräfte, die eng miteinander verzahnt sind und die Uhren vieler Lebewesen bis hin zum Menschen entscheidend beeinflussen: der Zeitpunkt von Aktivität und Nahrungsaufnahme. Beide werden von der inneren Uhr geregelt, beide hängen zusammen, weil Organismen zur Energieaufnahme aktiv sein müssen, und beide scheinen auf die biologische Zeitmessung zurückzuwirken. Die Grünalge *Gonyaulax* sinkt zum Beispiel nachts, angetrieben von ihrem Zeitmesser, in tiefere Wasserschichten ab – eine Art Aktivität. Dort gibt es viel Stickstoff, den sie tankt – eine Art Nahrungsaufnahme.

Die Arbeitsgruppe um Till Roenneberg fand heraus, dass in diesem Modell nicht nur das Licht, sondern auch die rhythmisch wiederkehrende Nitratschwemme die biologische Uhr nachstellt.

So weit weg das Algen-Modell vom Menschen auch erscheinen mag, so viele Hinweise gibt es doch, dass auch unsere Uhr sich von Aktivität und Nahrungsaufnahme beeinflussen lässt: Aus Experimenten mit Ratten ist schon länger bekannt, dass sich ihre Uhren verstellen, wenn sie zu ungewöhnlichen Zeiten aktiv sein müssen und gefüttert werden. Seit neuestem wissen Forscher sogar, dass die Uhr in ihrer Leber direkt auf den Zeitpunkt reagiert, zu dem sie infolge einer Mahlzeit besonders viel Arbeit bekommt. Ihre wichtigsten Zeitgeber sind neben den Signalen vom Chronozentrum die Fütterungszeiten und andere Stoffwechselreaktionen des Körpers.

Im Jahr 2003 fand ein Biologenteam um Carol Dudley von der University of Texas in Dallas, USA, schlüssige Hinweise darauf, dass neben der zentralen Uhr über der Sehbahnkreuzung eine weitere Uhr im Gehirn sitzt, die auf die tagesperiodischen Schwankungen der Aktivität getaktet ist. Ihr sei es letztlich zu verdanken, dass so viele Tiere zwei Aktivitätsschübe – einen morgens, einen nachmittags – besitzen, durch eine deutliche Ruhephase voneinander getrennt. «Könnte es sein, dass Kulturen, in denen Menschen Siesta machen, optimal auf den uns innewohnenden Tagesrhythmus abgestimmt sind?», fragten die Forscher.

Das zweite Uhrwerk tickt direkt unter der Stirn in der vorderen Großhirnrinde, die Sinneswahrnehmungen verarbeitet und Bewegungsabläufe koordiniert. Die Forscher kamen ihr auf die Schliche, indem sie bei einigen Mäusen gezielt das so genannte npas-2-Gen ausschalteten, das im Uhrwerk der Großhirnrinde das clock-Gen der zentralen Uhr ersetzt. Als Folge versagte die Großhirn-Uhr, während die Uhr des Chronozentrums fehlerfrei weiterlief.

Auf den ersten Blick verhielten sich die manipulierten Nager nicht ungewöhnlich: Sie verschliefen die Tage und rannten nachts Nahrung suchend hin und her. Doch während normale Tiere mitten in der Nacht eine zwei- bis dreistündige Pause einlegen, rackerten die manipulierten Mäuse unvermindert durch. Dudley und Kollegen vermuteten, dass durch den Ausfall der Hirnrinden-Uhr die vornehmlich vom Lichtwechsel gesteuerte zentrale Uhr ein zu starkes Übergewicht bekam. Dadurch konnten sich die Tiere zwar gut an künstlich herbeigeführte Änderungen des Sonnenaufgangs anpassen, es gelang ihnen aber nicht mehr, mitten in der Nacht «abzuschalten». Unter normalen Bedingungen bildet die Hirnrinden-Uhr offenbar ein Gegengewicht, das bei den nachtaktiven Tieren den Mitternachtsschlaf ermöglicht und vermutlich auch beim tagaktiven Menschen den Hang zum Mittagsschlaf fördert.

Doch wonach richtet sich die Uhr im Großhirn? Es wird angenommen, dass sie von den schwankenden Aktivitätsmustern der Sinne und Bewegungen nachgestellt wird. So hilft sie dem Organismus zum Beispiel immer dann, besonders aufmerksam zu sein, wenn die Chance auf Nahrung groß ist. Und sie ermöglicht es, in Notfällen auch dann aktiv zu werden, wenn die zentrale Uhr auf Schlaf gestellt ist.

Ein weiteres Experiment belegte diese These eindrucksvoll: Das texanische Biologenteam verwandelte die Mäuse in

«Schichtarbeiter». Es begrenzte ihnen zunächst das Futter und verabreichte es schließlich nur noch tagsüber. Den Tieren, die noch eine funktionierende Aktivitätsuhr hatten, gelang die Umstellung binnen weniger Tage. Die Nager jedoch, die sich allein auf ihre zentrale Uhr verlassen konnten, taten sich schwer: Sie verloren deutlich mehr Gewicht und wurden zum Teil krank. Einige starben, weil sie ihre Aktivität nicht an den veränderten Nahrungszeitpunkt anpassen konnten und die Fütterung immer wieder verschliefen.

Die beiden inneren Uhren «funktionieren als sich ergänzende Regulatoren» des Verhaltens im Tagesablauf, folgerten die Forscher. So könne sich der Körper sowohl auf die Helligkeitsschwankungen einstellen als auch auf andere periodische Reize reagieren. Für den Chronobiologen Michael Menaker zeigt das Zusammenspiel der beiden Uhren mit den verschiedenen Zeitgebern deutlich, dass wir einem «zirkadianen zeitlichen Programm» gehorchen, das Ausdruck einer Fülle ineinander verzahnter physiologischer Zeitmesser ist, die jeder für sich eine lebensnotwendige Aufgabe erfüllen.

Der biologische Kalender

Evolution ist eine nahezu perfekte Methode, mit wenig Aufwand und viel Zeit Probleme zu lösen. Auch Techniker haben inzwischen erkannt, wie erfolgreich das natürliche Zusammenspiel aus zufälliger Veränderung und pausenloser Selektion sein kann, und setzen zum Beispiel bei der Entwicklung von Robotern oder Maschinenteilen immer öfter auf Computerprogramme, die Evolution nachspielen. Über die Einfachheit und Genialität der natürlichen Problemlösung staunen Biologen immer wieder, wenn sie einem Organismus nach langem Rätselraten einen seiner physiologischen Mechanismen entlocken.

Ein solches Aha-Erlebnis lieferte unlängst die Ackerschmalwand Arabidopsis. Weil sie das wichtigste Modellsystem der Pflanzengenetiker ist, war sie auch die erste Pflanze, deren biologischer Kalender enträtselt wurde. Der Kreuzblütler blüht nur an den langen Tagen des frühen Sommers, wenn es etwa 16 Stunden hell und acht Stunden dunkel ist. Doch wie erkennt die Blume die Jahreszeit? Die Tagesuhr der Blume regt vom späten Abend bis tief in die Nacht hinein die Produktion eines Gens namens constans an. Das von diesem Gen kodierte Eiweiß induziert wiederum das Ablesen eines Gens namens flowering locus-t, das die Blüten letztlich sprießen lässt. Damit das Blüh-Gen aber aktiv wird, muss ein zweites Signal das constans-Eiweiß begleiten: Licht. Nur wenn es noch hell ist, wenn die Tagesuhr dem abendlich aktiven Gen befiehlt, loszulegen, beginnen die Blumen auch tatsächlich zu blühen.

Also ist der innere Kalender der Ackerschmalwand und vermutlich vieler anderer Pflanzen ein System, das misst, welchen Anteil am gesamten Tag die Hellphase und welchen die Dunkelphase ausmacht. Mit Hilfe tagesrhythmisch produzierter Eiweiße und ihrer Wechselwirkung können Chronobiologen nun zumindest theoretisch jedes in der Natur gefundene Blütezeit-Schema erklären. Reis, der während kürzerer Tage blüht, bildet zum Beispiel sein Blüh-Eiweiß nur dann, wenn ein anderes, rhythmisch produziertes Eiweiß im Dunkeln entsteht – genau umgekehrt wie beim Langtagblüher

Ackerschmalwand. Forscher wollen nun mit gentechnischen Mitteln eine wirtschaftlich interessante Reispflanze für jede Saison erzeugen. Sie soll Blüh-Eiweiße an kurzen wie an langen Tagen bilden. Als zusätzlicher Faktor mischt allerdings bei den meisten Pflanzen auch die Temperatur mit: Sie blühen erst, wenn es zur richtigen Tageslänge auch ein paar Tage hintereinander warm gewesen ist.

Auch die Säugetiere haben einen Botenstoff, der ihrem Körper sagt, wie lang die Tage sind: das Melatonin. Dieses Hormon wird auf Kommando der zentralen inneren Uhr nur im Dunkeln von der Zirbeldrüse erzeugt. Bei Reptilien und Vögeln, bei denen das Organ noch lichtempfindlich ist, hilft das Melatonin als Eingangssignal der inneren Uhr dabei, ihren Gang zu kontrollieren. Bei Säugern scheint es vor allem ein Nachtsignal zu sein, das eine Botschaft über die gegenwärtige Jahreszeit enthält.

Ist es zum Beispiel Sommer, sind die Tage lang, und die Drüse produziert nur kurze Zeit Melatonin. Bei Schafen, die ihre Jungen mehrere Monate austragen, hemmt das die Geschlechtsreife, damit der Nachwuchs nicht im Winter zur Welt kommt. Bei Mäusen, die ihre Kinder vergleichsweise schnell nach der Empfängnis gebären, wird die Reproduktionsfähigkeit hingegen durch große Melatoninmengen gehemmt. Sie signalisieren lange Nächte – also Winter – und damit für Mäuse einen ungünstigen Paarungszeitraum. Letztlich werden sowohl die Jungen von Schafen als auch von Mäusen im Frühjahr und Sommer geboren – durch die gegensätzliche Reaktion der inneren Geschlechtsorgane auf Melatonin.

Dass tatsächlich das Melatonin die entscheidende Botschaft übermittelt, klärten Biologen mit einem Experiment: Sie trennten Versuchstieren die Zirbeldrüse heraus und gaben ihnen Melatonin per Spritze. Anschließend rief allein das Spritzensignal und nicht mehr die tatsächliche Tageslänge die Jahreszeitenreaktionen der Tiere hervor.

Inzwischen haben sogar Viehzüchter das Melatonin entdeckt. Mit Hilfe künstlicher Hormonpräparate halten sie Schafe und Ziegen rund ums Jahr empfängnisbereit oder lösen bei Nerzen eine verfrühte Wintermauser aus, um schneller ans begehrte Fell zu kommen. In Versuchen werden Tiere gezüchtet, die auf das Melatonin kaum reagieren und so rund ums Jahr Kinder zeugen können – eine Entwicklung, die der Mensch bereits hinter sich hat. Auch bei uns scheint das Melatonin nämlich jahreszeitlich wechselnde Signale zu geben, inwieweit unser Körper darauf aber noch sensibel reagiert, ist unklar.

Doch der innere Kalender geht zumindest bei manchen Tieren auch ohne äußere Signale weiter. Die Schwankungen der Helligkeitsdauer scheinen dabei nur der äußere Taktgeber zu sein, der einen selbständigen inneren Rhythmus an die äußeren Jahreszeiten angleicht, ähnlich wie es Morgen- und Abenddämmerung mit der biologischen Tagesuhr machen. Neue Indizien sprechen dafür, dass einige der Uhren-Gene gleichzeitig auch Kalender-Gene sind. Und dass der innere Kalender wie die zentrale innere Uhr im Suprachiasmatischen Kern sitzt.

Ein bislang unbekanntes biochemisches System soll die zeitliche Beziehung zwischen den verschiedenen tagesrhythmisch aktiven Genen auswerten. Und weil sich diese Beziehung im Jahresverlauf systematisch ändert, enthält sie zumindest theoretisch die nötige kalendarische Information: Die aktuellen Forschungsergebnisse besagen nämlich, dass eines der Uhren-Gene, period-1, das vom Tagesanbruch getaktet wird, mit Bezug zur Morgendämmerung schwingt, während das andere, period-2, um die Abendstunden oszilliert, weil es auf Licht in der frühen Nacht reagiert. Zwangsläufig überlappen sich die beiden Schwingungen im Jahresverlauf mehr oder weniger stark, je nachdem, wie viele Stunden zwischen Morgen- und Abenddämmerung vergehen.

Dennoch ist schwer zu glauben, dass dieser Zusammenhang die Basis jenes unabhängigen biologischen Kalenders von Vögeln und Erdhörnchen bildet, der auch bei künstlich über Jahre hinweg gleich bleibender Hell-dunkel-Beziehung weitertickt. Dann müssten nicht nur eine Morgen- und eine Abend-Uhr gemeinsam ungefähr im Tagesrhythmus schwingen, sie müssten sich auch aus eigenem Antrieb im ungefähren Jahreszyklus einander annähern und wieder voneinander entfernen. Es ist unwahrscheinlich, dass dabei keine weiteren, bis heute unentdeckten molekularen Zeitmesser mitmischen.

Kapitel 5
Die dunkle Seite des Lebens
Chronobiologen enträtseln den Schlaf

1999 bekam der deutsche Biochemiker Achim Kramer an der berühmten Harvard Medical School in Boston, USA, eine Stelle in der Arbeitsgruppe des Neuroforschers Charles Weitz. Er sollte Moleküle untersuchen, die die Nerven der zentralen Uhr von Hamstern produzieren, und herausfinden, ob sie einen Einfluss auf den Tagesrhythmus der Tiere haben. Im Jahr 2001 wurde Kramer fündig: Eine von 32 untersuchten Substanzen namens TGF-α musste er nur in die Umgebung des Chronozentrums spritzen, schon glaubten die nachtaktiven Tiere, es sei Tag. Sie stellten ihr Laufrad-Gerenne unverzüglich und so lange ein, bis der Stoff nicht mehr verabreicht wurde.

Weitere Analysen passten ins Bild: Die SCN-Zellen produzierten den Signalstoff vor allem am Tag. Und in einem Nervengebiet, das für die Regelung der Hamster-Aktivität zuständig ist und nahe beim SCN liegt, fanden sich Andockstellen, die empfindlich auf TGF-α reagieren. Dies könnten die Rezeptoren sein, die das Ausruhen der kleinen Säuger einleiten. Denn eine Testsubstanz, die die gleichen Andockstellen aktiviert, ließ rennende Hamster ebenfalls still stehen. Und genmanipulierte Mäuse, bei denen der Rezeptor beschädigt war, waren überaktiv. Der erste Botenstoff, mit dessen Hilfe die Haupt-Uhr der Säugetiere bestimmt, wann geschlafen und wann gerannt wird, war gefunden.

Zurück in Berlin, wurde Achim Kramer Leiter der Arbeitsgruppe für Chronobiologie an der Charité. Er erhielt 2002 den angesehenen Heinz Maier-Leibnitz Preis der Deutschen Forschungsgemeinschaft und wurde zum Juniorprofessor ernannt. Die Ehrungen hat der Forscher sich redlich verdient. TGF-α und sein Rezeptor markieren eine der lange gesuchten Schnittstellen zwischen der biologischen Uhr und dem prägnantesten von ihr gesteuerten Zyklus: dem Ruhe-Aktivitäts-Rhythmus. Es ist anzunehmen, dass beide auch bei Menschen bestimmen, wann sie wachen und schlafen. Damit ist eines der spannendsten Teilgebiete der Chronobiologie, die Schlafforschung, einen Riesensatz vorangekommen.

Das nächtliche Auf und Ab

Parallel zur Erforschung biologischer Rhythmen entwickelte sich eine Wissenschaft, ohne die die Chronobiologie kaum denkbar ist, die aber umgekehrt auch von ihr in hohem Maße profitiert: die Schlafforschung. Der US-amerikanische Neurophysiologe Nathaniel Kleitman war in der ersten Hälfte des vergangenen Jahrhunderts der Erste, der den Schlaf systematisch analysierte. Er entdeckte, dass in regelmäßigen Abständen Phasen mit heftigen Körperbewegungen wiederkehren, und entwickelte daraus die Idee der Schlafzyklen.

Später entdeckte Kleitman mit seinem Kollegen Eugene Aserinsky auch noch die REM-Phasen, die meist zum Ende eines Schlafzyklus auftreten. Lange Zeit dachte man, dass Menschen nur in ihnen träumen, weshalb man sie auch als Traumschlaf bezeichnet. Tatsächlich sind die Träume in dieser

Phase lediglich besonders lebhaft, und Schläfer können sich gut an sie erinnern, weil sie zu diesen Zeitpunkten leichter aufwachen als sonst.

Schließlich erfanden Schlafforscher die Polysomnographie, bei der sie Menschen in einem Schlaflabor übernachten ließen und alle möglichen Regelgrößen mit Hilfe von Sensoren überwachten: Atem-, Augen- und Beinbewegungen, Hirn-, Herz- und Muskelströme, wenn nötig sogar Erektionen und Blutsauerstoffgehalt. Und – Chronobiologen wird es kaum gewundert haben – bei fast allen Faktoren fanden sich rhythmische Veränderungen, die den grob eineinhalbstündigen Schlafzyklen folgen: Hirnströme, Atmung und Herzschlag wandeln ihre Frequenz, Muskeln sind mal mehr, mal weniger entspannt.

Seitdem gilt: Normaler Schlaf hat eine Architektur. Er besteht aus Phasen, deren Abfolge bei allen gesunden Menschen ähnlich ist und sich in jedem Schlafzyklus wiederholt. Zu Beginn eines Zyklus durchläuft man zunächst den Halbschlaf der Phase eins, wo man noch vor sich hin dämmert und leicht geweckt werden kann, dann den Leichtschlaf der Phase zwei, wo das Wecken schon schwerer fällt. Schließlich erreicht man den Tiefschlaf der Phasen drei und vier, um anschließend wieder zum Leichtschlaf zurückzukehren. REM-Phasen treten nur während des Leichtschlafs auf.

Die Gesamtdauer des Tiefschlafs ist bei allen Menschen ungefähr gleich, denn er tritt überwiegend in den ersten drei Schlafstunden auf. Später in der Nacht sinkt der Schlaf fast nur noch in die Leichtschlafstadien. Zudem mehren und verlängern sich in der zweiten Schlafhälfte die REM-Phasen. Während die Augen heftig rollen, ist die andere Muskulatur

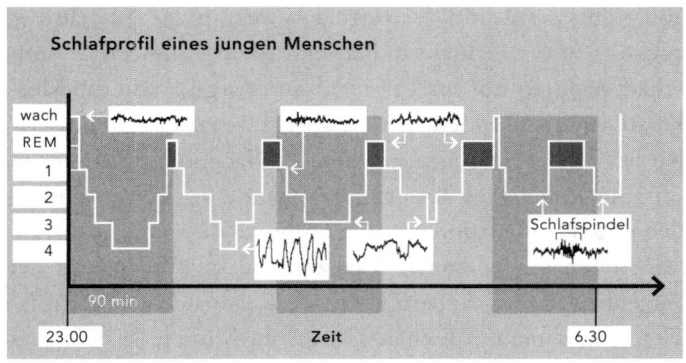

Schlafprofil eines jungen Menschen

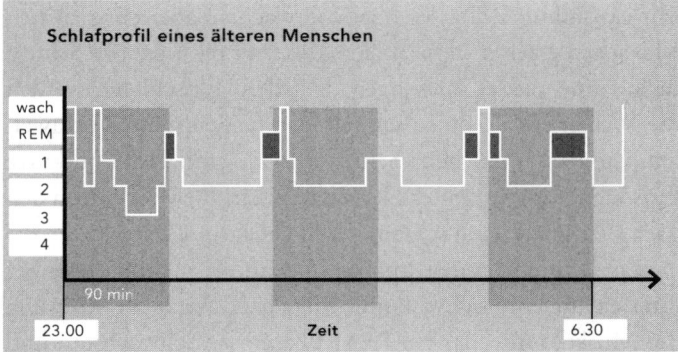

Schlafprofil eines älteren Menschen

Im Schlafprofil gesunder erwachsener Menschen wiederholen sich alle 90 Minuten ähnliche Zyklen aus Leichtschlaf der Phasen 1 und 2, Tiefschlaf der Phasen 3 und 4 und REM-Schlaf (grau). In der ersten Schlafhälfte dominiert der Tiefschlaf, danach häufen sich die REM-Phasen. Mit zunehmendem Lebensalter wird der Schlaf oberflächlicher und fragmentierter. Ältere Menschen gelangen seltener in Tiefschlaf und wachen häufiger auf.

Oben sind zusätzlich die Hirnstrommuster (EEGs) eingezeichnet, die für die jeweilige Schlafphase typisch sind. Schlafspindeln – kurze Phasen mit starker Nervenaktivität – treten nur im Schlaf auf.

völlig entspannt und der Körper bewegungslos – höchstens zuckt er etwas. Schlafwandler sind deshalb nie im Traumschlaf, sondern nur im Tiefschlaf unterwegs, wenn die Muskulatur zwar schon entspannt, aber durchaus noch aktivierbar ist. Ältere Menschen schlafen oberflächlicher: Sie wachen oft zum Ende eines Zyklus kurz auf und erreichen selbst in den ersten Schlafstunden meist nur noch das Stadium drei.

REM-Phasen erkennen Mediziner nicht nur anhand der Augenbewegung, sondern auch – wie die anderen Schlafstadien – an einem typischen Hirnstrom-Muster: Je tiefer der Schlaf, desto langwelliger, schwankender und ausholender die Hirnstromkurve: Das Gehirn von wachen, aber entspannten Menschen erzeugt Alphawellen, die etwa zehnmal pro Sekunde auf und nieder schwingen. Mit dem Einschlafen werden die Wellen etwa halb so schnell und heißen dann Thetawellen. Zusätzlich tauchen «Schlafspindeln» auf. Das sind kurze Episoden mit verstärkter Nervenaktivität. Den Eintritt in den Tiefschlaf markieren schließlich so genannte Deltawellen, die extrem lang und unregelmäßig sind und manchmal zwei Sekunden für eine Schwingung brauchen. Auch die Messung des Muskeltonus, der bei REM-Phasen am schwächsten und beim Tiefschlaf am stärksten ist, hilft bei der Erkennung der Schlaftiefe.

Was Einstein und Goethe gemeinsam haben

Wie viel Schlaf braucht der Mensch? Diese Frage ist nicht so leicht zu beantworten: «Es gibt keine Faustregel», sagt Claudio Bassetti, Neurologe von der Universitätsklinik Zürich. Jeder Mensch braucht seine ganz persönliche Gesamtdosis Schlaf am Tag, die noch dazu unterschiedlich verteilt sein kann. Zumindest teilweise scheint das Schlafbedürfnis in unseren Genen festgelegt. Und wenn wir gesund sind und so viel schlafen können, wie wir wollen, nehmen wir uns automatisch das benötigte Quantum.

Fast alle Menschen schlafen zwischen fünf und zehn Stunden täglich. Nachts schläft der Durchschnittsdeutsche einer internationalen Vergleichsstudie zufolge sieben Stunden und acht Minuten. Er geht recht früh ins Bett, um 22.47 Uhr, dämmert kurz darauf weg und steht um 6.23 Uhr wieder auf. Einstein und Goethe waren auch in Sachen Schlaf überdurchschnittlich: Wie viele andere kreative Menschen sollen sie extreme Langschläfer gewesen sein, die täglich mindestens neun Stunden schlummern mussten. Der Physiker gönnte sich zudem tagsüber kurze Nickerchen, deren Länge er mit dem Klimpern seines Schlüsselbunds begrenzte, das er zum Schlafen in die geschlossene Faust nahm und zwangsläufig fallen ließ, wenn er eine Weile eingeschlafen war.

Napoleon Bonaparte reichten dagegen angeblich schon vier Stunden Schlaf. Und: «Ich habe keine Zeit, müde zu sein», soll Kaiser Wilhelm I. zum Besten gegeben haben. Tatsächlich behaupten einige Forscher, dass nur der so genannte Kernschlaf der ersten drei bis vier Stunden wichtig sei. Alles, was danach komme, sei lediglich die angenehm verträumte Zugabe. Die meisten Kollegen widersprechen: Vierstundenschläfer treiben Raubbau an ihrer Gesundheit. Oder sie holen das Versäumte etwa als Mittagsschlaf nach. Von Napoleon ist zum Beispiel bekannt, dass er tagsüber immer wieder wegnickte. Vermutlich litt er sogar unter Schlafstörungen.

Klar ist: Es gibt ein individuelles Mindestschlafmaß, dessen Missachtung auf Dauer zum Schlafentzugssyndrom führt. Betroffene sind reizbar, unausgeglichen, schwermütig, gelegentlich impotent, gedächtnisschwach, stets müde und krank. Schon lange versuchen Schlafforscher die eigentliche Funktion des Schlafes aufzuklären – bis heute ohne durchschlagenden Erfolg. «Wir wissen noch nicht einmal, warum unterschiedliche Tierarten so verschieden viel Schlaf benötigen», sagt Bassetti. Zwar schlafen alle höher entwickelten Tiere, doch schlummern Katzen viel, Hunde wenig, Pferde drei Stunden am Tag, Fledermäuse 20. Manche Tiere schlafen mit offenen Augen, andere auf einem Bein oder im Fliegen.

Ganz so ahnungslos sind die Fachleute in Wahrheit natürlich nicht: Sie wissen inzwischen, dass es zwei entscheidende Faktoren gibt, die den Grad der Müdigkeit bestimmen. Der eine ist die biologische Uhr, die vielleicht sogar über den Botenstoff TGF-α einen täglich gleichen Rhythmus aus Schlaf- und Wachneigung steuert. Nachts und am frühen Nachmittag sind dabei die bevorzugten Schlafzeiten. Das fand der israelische Schlafforscher Peretz Lavie in einem berühmt gewordenen Experiment heraus: Er zwang Menschen, einen Tag lang immer abwechselnd sieben Minuten Schlaf zu suchen und 13 Minuten aktiv zu sein. Tatsächlich schöpften die Probanden die siebenminütige Schlafzeit zwischen 14 und 16 Uhr oft und zwischen 22 und sieben Uhr fast immer aus. Vor allem nachts war es Lavie kaum möglich, die Menschen zwischen den Schlafzeiten wach zu halten. Was den Schlafforscher jedoch noch mehr verblüffte: Die Versuchspersonen konnten zu bestimmten Zeiten fast nie einschlafen, etwa zwischen 20 und 22 Uhr. In diesen «verbotenen Zonen für den Schlaf», so Lavie, scheint die biologische Uhr strikt auf Aktivität gestellt zu sein.

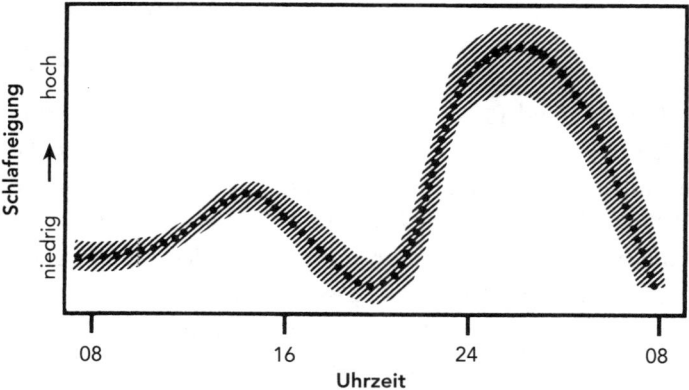

Die Schlafneigung von Menschen, die immer sieben Minuten schlafen dürfen und danach 13 Minuten wach sein müssen, schwankt im Tagesverlauf beträchtlich.

Der zweite Faktor, der die Müdigkeit bestimmt, ist Ausdruck eines «homöostatischen Prozesses», so die Zürcher Schlafforscherin Irene Tobler: Dieser «Prozess S» wachse «als eine Funktion der Dauer des bisherigen Wachseins», sprich: Je länger man bereits wach ist, desto lieber möchte man schlafen. Nicht nur bei Menschen, sondern auch bei vielen Säugetieren nimmt die Stärke dieses Prozesses mit zunehmender Wachdauer zu und umso stärker ab, je länger man schläft. Das lässt sich sogar messen: Je höher der Prozess S ist, desto häufiger finden sich im anschließenden Schlaf die langen Deltawellen. Wissenschaftler vermuten nun, dass das Phänomen nicht zuletzt die Folge einer sich wandelnden Stoffwechselaktivität der Nervenzellen im Gehirn ist. Je länger Mensch oder Tier wach sind, desto mehr Stoffwechselprodukte sammeln sich in den Nerven an. Dadurch steigt die Müdigkeit, die letztlich ein Signal des Nervensystems ist, sich per Schlaf regenerieren zu wollen.

Entscheidend für das Ausgeschlafensein ist folglich nicht, wie lange man am Stück, sondern wie lange man binnen 24 Stunden schläft, erklärt der angesehene Kleitman-Schüler William Dement: «Gleich einem Thermostat, der für eine konstante Raumtemperatur sorgt, wirkt der körpereigene Schlafhomeostat darauf hin, dass man sein tägliches Schlafpensum erfüllt. Man akkumuliert in einem gewissen Umfang Schlafschulden, die man jeden Tag mit einem gewissen Schlafquantum abzuzahlen hat.» Je nachdem, wie lange der letzte Schlaf dauerte, wie viel Zeit man schon wach ist und wie entspannt oder gelangweilt man ist, gelingt der Eintritt über eine der verschieden hohen Schwellen der Einschlafpforten, die die innere Uhr im Laufe eines Tages bereithält: Kleinkinder oft schon am Vormittag, viele Menschen zur Mittagsschlafzeit und fast alle in der Nacht.

Die Wiederentdeckung der Siesta

Jeder Mensch hat einen unterschiedlich schnellen Prozess S. Das mag einer der Gründe dafür sein, warum Menschen verschieden viel Schlaf benötigen. Ein anderer dürfte auf Unterschiede der inneren Uhr zurückgehen. Diese ist flexibel: Manche Menschen sind Frühaufsteher, andere werden erst am späten Vormittag richtig wach. Manche Naturvölker, aber auch Säuglinge und sehr alte Menschen gönnen sich nicht ein langes, sondern mehrere kurze Nickerchen pro Tag. Den idealen, persönlichen Schlaftakt entwickelt die Uhr in den ersten Monaten bis Jahren eines Menschenlebens. Einmal gefunden, behält sie ihn bei; erst im Alter verliert er an Einfluss. In der Pubertät gibt es zudem ein kurzes Nachteulen-Intermezzo: Dann werden offenbar alle Menschen zu extremen Langschläfern, die während der Mittagszeit praktisch nie müde sind.

Pubertierende sollte also niemand zur Siesta zwingen. Vielen anderen Menschen kann der Schlaf am Tag indes nutzen. Er ist eine willkommene, von der biologischen Uhr unterstützte Gelegenheit, das persönliche Schlafkonto auszugleichen und die Leistungsfähigkeit zu erhalten. «Schlechte Schläfer bleiben doppelt so häufig in unteren Gehaltsstufen hängen, während gute Schläfer Karriere machen, mehr verdienen und weiterkommen», sagte der deutsche Schlafmediziner Göran Hajak, als die Idee vom Mittagsschlaf als «Power Nap» und «Karriereschlaf» in den 1990er Jahren eine Renaissance der Siesta auslöste.

Die Liege zum Herunterklappen für die halbe Schlummerstunde nach dem Kantinenbesuch hat mittlerweile Einzug in viele Büros gehalten. Und sogar die ersten deutschen Firmen folgen dem japanischen Beispiel, ihren Mitarbeitern abgedunkelte Erholungsräume für ein kurzes Nickerchen zwischendurch anzubieten. Schlafforscher wie Jürgen Zulley untermauern diese Entwicklung mit einer ganzen Reihe guter

Argumente: Es würden so viele Tiere in mehreren Etappen schlafen, dass man von «einem Erfolgsmodell der Evolution» ausgehen müsse. In fast allen menschlichen Kulturen einschließlich der unsrigen spielte oder spielt die Mittagsruhe eine wichtige Rolle. Und zudem haben die Bunkerexperimente mit Menschen gezeigt, dass sich fast alle einen Mittagsschlaf gönnen, wenn sie denn dürfen. Außerdem sind die inneren Rhythmen der Körpertemperatur und der Schlaf-Wach-Phasen dann viel besser synchronisiert als ohne Siesta.

Offenbar gehört der Mittagsschlaf bei vielen Menschen – und einem großen Teil der Tiere – fest zum Programm der biologischen Tagesrhythmik. Er ist vermutlich nicht zuletzt deshalb gesund, weil er die Abstimmung der verschiedenen Körper-Uhren unterstützt. Natürlich hat nicht jeder immer eine Siesta nötig. Doch Chronobiologen fordern seit geraumer Zeit, dass jeder zumindest die Möglichkeit haben sollte, sein Schlafkonto zur Mittagszeit aufzufüllen, wenn es – warum auch immer – gerade leer ist. Zu schnell ist der geeignete Zeitraum verpasst, und man befindet sich wieder in einer der «verbotenen Zonen», in denen man trotz großer Müdigkeit nicht schläfrig werden kann.

Eule oder Lerche?

Der Chronobiologie Till Roenneberg reist gerne nach Amerika. Dank Zeitverschiebung genießt er für ein paar Tage das Leben eines Frühaufstehers, ist ausnahmsweise bereits zum Morgengrauen ausgeschlafen und kann voller Elan frühstücken. Tickt seine biologische Uhr erst wieder im Gleichklang mit dem Sonnenschein und den sozialen Aktivitäten der Umwelt, dann kehrt der Morgenmuffel in Roenneberg zurück. Er selbst bezeichnet sich chronobiologisch korrekt als «Eule». Das sind Menschen, deren Uhr für einen Tag länger braucht als 24 Stunden. Sie gehen vergleichsweise spät ins Bett und kommen morgens nur schwer aus den Federn. Ganz anders die «Lerchen». Ihre Uhren gehen etwas zu schnell, sodass sie – wie die namengebenden Singvögel – früh aufstehen, sich schnell wach und ausgeschlafen fühlen, dafür aber abends rasch müde werden und früh zu Bett gehen.

Jeder Mensch tendiert mehr oder weniger stark in Richtung Eule oder Lerche. Paradefälle sind selten. Und doch reicht die Bandbreite der so genannten Chronotypen so weit, dass «extreme Lerchen aufwachen, wenn extreme Eulen gerade einschlafen», so Roenneberg. Gerade hat er mit seiner Münchner Kollegin Martha Merrow und der Basler Schlafforscherin Anna Wirz-Justice einen Fragebogen entwickelt, um die Verbreitung der verschiedenen Chronotypen in unserer Gesellschaft zu untersuchen: Die Auswertung der ersten 500 Bögen brachte interessante Ergebnisse. So scheinen Eulen häufiger zu sein als Lerchen. Viele Menschen schlafen deshalb an Werktagen zu wenig, was sie mit langen Schlafperioden am Wochenende ausgleichen. Wer sich an der Fragebogenaktion beteiligen möchte, kann ihn wie schon 20 000 andere unter der Internet-Adresse *www.imp-muenchen.de/?mctq* ausfüllen.

Um seinen eigenen Chronotyp herauszufinden, muss man ausrechnen, wann an freien Tagen die Schlafmitte erreicht ist. Wer zum Beispiel von ein Uhr nachts bis neun Uhr morgens schläft, erreicht die Schlafmitte um fünf. Damit ist er den Untersuchungen der Chronobiologen zufolge zumindest in der Schweiz oder Deutschland ein Mensch mit normalem Chronotyp. Etwa ein Viertel der Befragten fällt in diese Kategorie. Fast genauso viele sind schwache Eulen, deren frei gewählte Schlafmitte bei sechs Uhr liegt. Zum moderat späten Typ mit einer Schlafmitte um sieben zählen immerhin noch 15 Prozent. Extreme Langschläfer – in etwa jeder Zehnte – haben sogar erst nach sieben Uhr genauso viel Schlaf vor wie hinter sich.

Waschechte Lerchen, also Menschen, deren biologische Uhr schneller als die physikalische geht, sind selten: Nur vier der 500 Befragten fallen unter diese Kategorie. Ihre Schlafmitte bleibt unverändert bei zwei Uhr, egal ob sie arbeiten müssen oder frei haben. Kein Wunder, stehen sie doch vermutlich aus eigenem Antrieb auf, lange bevor der Wecker klingelt. Unter die Kategorie der moderaten und schwachen Lerchen mit Schlafmitten um drei und vier fallen acht beziehungsweise 14 Prozent der Befragten.

An den Werktagen schlafen die Menschen umso weniger, je eulenhafter sie sind. Der Grund ist simpel: Die Nachtmenschen gehen später ins Bett, ihr Wecker klingelt aber zur gleichen Zeit wie bei den Morgenmenschen. Ausgeprägte Eulen schlummern, um das Defizit aufzuholen, an freien Tagen schon mal 12 Stunden am Stück. Endlich dürfen sie ihrer inneren Uhr nachgeben, spät zu Bett gehen und weit in den Tag hineinschlafen. Der Mittelpunkt des Schlafs verschiebt sich so von drei bis vier Uhr nachts an Werktagen auf später als sieben Uhr morgens. Doch auch bei den Normalschläfern gibt es einen Trend zum Eulentum: Sie stehen ebenfalls unter der

Woche für ihren Chronotyp zu früh auf und schlafen an Wochenenden und Feiertagen meist eine gute Stunde länger als an Werktagen.

Ist das späte Aufstehen also angeboren? Nur zum Teil, glauben die Forscher. Immerhin sind inzwischen erste Mutationen von Uhren-Genen bekannt, die die innere Uhr deutlich zu schnell oder zu langsam gehen lassen. Das Syndrom der vorverlagerten Schlafphasen geht auf eine Veränderung von period-2 zurück. Und bei extremen Eulen, die das Syndrom der zurückverlagerten Schlafphasen haben, fand ein Team um den US-Biologen Malcolm Schantz gehäuft eine kurze Version des period-3-Gens. Insgesamt gebe es natürlich noch viel mehr Gene, die für die Steuerung der inneren Uhr von Bedeutung seien, sagt Schantz: «Ob man eine Nachteule oder ein Frühaufsteher ist, hängt von der Summe der Unterschiede in den einzelnen Varianten dieser Gene ab.»

Auch die deutsch-schweizerische Fragebogenaktion dient letztlich der Suche nach den erblichen Ursachen der Chronotypen. Die Wissenschaftler suchen möglichst reine Eulen oder Lerchen, um deren Gene auf Besonderheiten zu untersuchen. Eine Analyse, die nicht nur für die Schlafforschung interessant ist: Wer morgens nicht aus den Federn kommt, dessen Uhr ist insgesamt verlangsamt – mit Folgen auch für die Zyklen des Leistungsvermögens, des Stoffwechsels, der körperlichen Belastbarkeit und vielem mehr.

Dass das Erbgut die Geschwindigkeit der inneren Uhr jedoch nicht allein beeinflusst, zeigt schon die Macht der sozialen Signale wie Weckerklingeln, Familienfrühstück oder nahender Schul- und Arbeitsbeginn. Und auch der wichtige

Zeitgeber Licht mischt bei der Entscheidung mit, wie früh man aus den Federn kommt. Roenneberg und Kollegen fanden heraus, dass Menschen, die im Laufe einer Woche nur kurz ans Sonnenlicht gehen, eher zu den Eulen gehören als Freiluftfanatiker. Wie aus einer Vielzahl von Tierversuchen bekannt, hilft das tagsüber aufgenommene Licht der inneren Uhr, sich besser an den äußeren Rhythmus anzupassen. Für die Mehrheit der Eulen heißt das, ihre Uhr geht umso schneller, je häufiger sie tagsüber an der frischen Luft sind. «Befragte, die mehr als 30 Stunden pro Woche im Freien verbringen, beginnen ihren Schlaf ungefähr zwei Stunden früher als solche, die 10 Stunden oder weniger pro Woche draußen sind», sagt Roenneberg. Bei den wenigen Lerchen hat das Licht natürlich den gegenteiligen Effekt: Weil ihre Uhr zu schnell geht, verzögert die Sonne das innere Tempo.

Schulbeginn um neun

Brisant sind an Roennebergs Schlussfolgerungen vor allem die Konsequenzen: «Das Timing des Schlafs hat sich im Laufe der Industrialisierung gewandelt», urteilt der Münchner Chronobiologe. Bis vor 100 Jahren hätten die Tagessignale das extreme Eulen- oder Lerchentum weitgehend unterdrückt. Nicht zuletzt, weil man heute viel mehr in geschlossenen Räumen arbeitet, leide «eine Mehrheit der Menschen unter der Arbeitswoche an Schlafentzug».

Roenneberg kritisiert angesichts seiner Daten die bei uns üblichen Arbeitszeiten: Anders, als Sprichwörter wie «Morgenstund hat Gold im Mund» vermuten lassen, seien Lerchen «rare Vögel in der modernen Gesellschaft». Paradoxerweise wären dennoch «die meisten Arbeitspläne auf diese Minderheit abgestimmt». Geht es nach dem Forscher, müssen diese Pläne geändert, der allgemeine Arbeitsbeginn nach hinten verlegt und den Menschen mittags längere Pausen gestattet werden, in denen sie eine Siesta machen oder an die frische Luft gehen können. Davon würden auch die Unternehmen profitieren: Zahllose, auf das Schlafdefizit zurückzuführende Bedienfehler und Unfälle würden ebenso wegfallen wie eine Reihe von Krankheiten, die hohe volkswirtschaftliche Kosten verursachen.

«Der Wecker ist wahrscheinlich ein viel größerer Stressfaktor, als wir heute ahnen», warnt Roenneberg. Vor allem im Winter reißt er die Menschen viel zu früh aus dem Schlaf. Im Sommer, wo das Lichtkonto ausgeglichener ist und die Sonne die Schlafzimmer früh erhellt, sind viele Menschen ohnehin etwas lerchenhafter und brauchen insgesamt weniger Schlaf.

Eine große Koalition aus Schlafforschern, Arbeitsrechtlern, Pädagogen und Chronobiologen prangert schon seit Jahren an, dass wir «in einer Gesellschaft der Übermüdung» leben. Ihr zentrales Anliegen ist die Verlegung des Schulbeginns auf neun Uhr. Müssen Schüler gerade in ihrer eulenhaften Entwicklungsphase Tag für Tag früh aufstehen, kann das ihre Lernfähigkeit langfristig entscheidend behindern. Schlafforscher Jürgen Zulley geht sogar noch weiter und fordert, insgesamt mehr Rücksicht auf die biologische Uhr zu nehmen: «Der Mensch ist ein Pausenwesen», sagt er. Sinnvoll sei neben dem Schulbeginn um neun auch eine rechtzeitige Mittagspause vor 13 Uhr.

Und wenn schon nicht die Kombination möglich ist – Mittagspause plus später Arbeitsbeginn –, so sprechen aktuelle Zahlen dafür, wenigstens eines durchzusetzen: Überraschenderweise machen Deutsche und Briten tagsüber häufiger einen Mittagsschlaf und werden öfter mittags müde als Spanier oder Portugiesen, die vermeintlichen Siesta-Meister. Der vermutete Grund: Am Mittelmeer wird morgens einfach länger geschlafen.

Lernen im Schlaf

Das Drängen der Schlafforscher, zu einer ausgeschlafenen Gesellschaft zurückzufinden, wird hartnäckiger. Kein Wunder, wird doch immer deutlicher, wie viele wichtige Aufgaben der Schlaf übernimmt. Auch wenn die eigentliche Funktion des seltsamen Zustands zwischen Leben und Tod noch immer im Dunkeln liegt, so ergaben viele Untersuchungen: Nach drei bis vier Tagen Schlafentzug versagt das menschliche Gehirn seinen Dienst. Es kommt zu Sinnestäuschungen und Verfolgungswahn, zu Symptomen wie Depression, Schizophrenie und Angststörungen. Danach nickt der Übermüdete dauerhaft ein.

Nur wenige Menschen schaffen es, länger als vier Tage zu wachen. Versuchstiere, die man extrem lange wach hält, magern ab, verwahrlosen und können ihre Körpertemperatur nicht mehr halten. Schließlich erkranken sie und sterben. Daraus schließen Forscher, dass der Schlaf vor allem für das Immunsystem und den Stoffwechsel von Bedeutung ist. Außerdem scheint er nötige Erholungspausen für die inneren

Organe und die Muskulatur zu liefern. Ob allerdings der Schlafentzug oder der dadurch ausgelöste, anhaltende Stress tödlich ist, bleibt noch zu klären.

Sicher ist jedoch, dass der Schlummer mehr ist als nur ein Relikt aus Urzeiten, als Tiere nachts ihren Stoffwechsel aus Energiespargründen absenkten, wie manche Skeptiker vermuten. Vor allem für das Gehirn scheint die dunkle Seite des Lebens existenziell: nicht nur, weil es die Erholung während der ruhigen Tiefschlafphasen so dringend braucht, dass geistige Störungen zu den ersten Symptomen von Schlafentzug gehören. Vielmehr arbeitet die Schaltzentrale schlafend zum Teil intensiver als im Wachzustand. Während der REM-Phasen verbraucht sie so viel Energie, dass Forscher die Ausbildung neuer Nerven-Verknüpfungen vermuten. Ein Indiz dafür ist, dass der REM-Schlaf bei kleinen Kindern, deren Gehirn sich noch entwickelt, sehr viel länger dauert als bei Erwachsenen. Beim Säugling machen die REM-Phasen die Hälfte der Schlafzeit aus, beim Erwachsenen nur noch ein Fünftel.

«Der Körper braucht Ruhe, aber das Gehirn braucht Schlaf», bringt die Zürcherin Irene Tobler die bisherigen Resultate auf eine griffige Formel. So ist es eine akzeptierte Theorie über unsere Träume, dass sie dazu dienen, die Erlebnisse des Tages noch einmal Revue passieren zu lassen und Gefühle zu verarbeiten. Dass diese Theorie stimmt, zeigt eine wachsende Zahl von Studien, die in den letzten Jahren publiziert wurden: Singvögel trällern ihre tags trainierten Gesänge im Schlaf noch einmal nach – vor einem imaginären inneren Ohr. Ähnliche Beobachtungen gibt es auch vom Menschen: Robert Stickgold, Neurophysiologe an der Harvard Medical School in Boston, USA, und Kollegen berichteten, dass Menschen, die während des Einschlafens geweckt und nach ihren letzten Eindrücken gefragt wurden, Bilder des tagsüber geübten Computerspiels Tetris gesehen hatten. Vor ihrem inneren Auge tauchten sogar früher gespielte Tetris-Varianten auf. Und, was kaum zu glauben ist: Selbst drei Amnesie-Patienten berichteten von Tetris-Bildern, obwohl sie wegen ihres zerstörten Gedächtniszentrums im Gehirn weder das Spiel kannten noch sich an ihr Training erinnerten.

Wer innerhalb der ersten 30 Stunden nach einer Übung nicht schläft, hat umsonst gelernt, ist Stickgolds These, die seine Arbeitsgruppe mit einem anderen Experiment belegte: Menschen, die einen bestimmten Test noch am gleichen Tag wiederholten, schnitten schlecht ab. Nach einer, zwei oder drei durchschlafenen Nächten verbesserten sich die Resultate immer mehr. Gänzlich versagten jedoch Personen, die die erste Nacht kein Auge schließen durften und danach zwei Nächte schlummerten. Obwohl sie ausgeschlafen waren, hatten sie nichts gelernt. «Eine einzige Nacht Schlafentzug löscht den normalen Lernprozess nachhaltig aus», bilanziert Stickgold.

Hirnforscher um Jan Born an der Universität in Lübeck zeigten mit dem gleichen Test, welche Schlafphasen für das Lernen wichtig sind. Wenn ihre Probanden nach dem Tiefschlaf der ersten Nachthälfte geweckt wurden, hatten sie bereits deutlich gelernt. Durften sie zusätzlich den REM-Schlaf absolvieren, war der Lernerfolg noch größer. Bekamen sie indes nach der ersten Übung trotz normaler Dosis REM-Schlaf kaum Tiefschlaf zugestanden, war der Erfolg gleich null. Die einzelnen Schlafphasen scheinen wie nacheinander geschaltete Gedächtnisverstärker zu wirken.

Zumindest bei Neugeborenen bröckelt mittlerweile die fest zementierte Vorstellung, man könne nachts nichts gänzlich Neues hinzulernen. Hirnforscher aus Turku, Finnland, testeten, ob Säuglinge bestimmte Laute besser auseinander halten können, wenn sie ihnen während des Schlafs eine Stunde lang vorgesprochen wurden. Und tatsächlich verriet das Hirnstrommuster während eines Tests am nächsten Morgen, dass die Säuglinge im Schlaf gelernt hatten.

Schlafforscher von der Universität in Chicago fanden schließlich einen Beleg, dass der Mensch den Schlaf auch für die Generalisierung von Problemen nutzt: Die Forscher brachten Menschen bei, ähnlich klingende Worte zu unterscheiden. Zwölf Stunden später testeten sie, ob die Versuchspersonen das Prinzip noch immer beherrschten. Dabei setzten sie kein gleiches Wort ein. Hatten die Probanden in der Zwischenzeit nicht geschlafen, war der Lerneffekt weitgehend verschwunden. Mit Schlaf beherrschten sie den Test jedoch genauso gut wie direkt nach dem ersten Training. Und: Wer zwischen den ersten beiden Tests nicht geschlafen hatte, dem half ein kurzes Nickerchen.

Den vorläufigen Höhepunkt dieser Experimentenserie lieferte erneut der Lübecker Born mit einem Doppelschlag im Januar 2004. Mit seinem Kollegen Steffen Gais zeigte er, dass es für die nächtliche Arbeit des so genannten deklarativen Gedächtnisses, dessen Inhalte in Worte gefasst werden können, unerlässlich ist, dass der Spiegel des Nervenboten Acetylcholin während des Tiefschlafs absinkt. Hatten Probanden ein Medikament erhalten, das den Acetylcholin-Spiegel nachts künstlich hochhielt, blieb der Lernerfolg aus.

Zeitgleich lieferten Gais, Born und drei weitere Kollegen den ersten wissenschaftlichen Beleg dafür, dass der Schlaf beim Lösen komplexer Fragestellungen hilft. Immer wieder wird berichtet, dass kreative Menschen und Erfinder häufig Geistesblitze nach einer durchschlummerten Nacht haben. Die Forscher glaubten nicht an Zufälle und ließen Testpersonen vermeintlich knifflige Zahlenrätsel lösen, für die es auch ein ganz simples Lösungsprinzip gab. Nach einigen Testrätseln durften Probanden acht Stunden schlafen, andere mussten die gleiche Zeit entweder nachts oder tags wach bleiben. Dann sollten sie weitere Rätsel lösen. Wie vermutet waren diejenigen, die geschlafen hatten, geistig reger: Von ihnen kamen 60 Prozent auf die Idee mit der schnellen Lösung, von den anderen nur jeder fünfte.

Born und Kollegen betonen, dass weder die Tageszeit noch die Müdigkeit der Testpersonen die Resultate beeinflussten. Die vermehrten Geistesblitze der ausgeschlafenen Probanden mussten eine Folge der Aktivität des schlafenden Gehirns sein. «Neu Erlerntes und Erlebtes wird zunächst im Hippocampus genannten Teil des Gehirns zwischengespeichert. Im Schlaf werden diese Informationen reaktiviert und als neuronales Impulsmuster an die Hirnrinde gesendet. Dort wird das neue Wissen dann mit dem Langzeitgedächtnis verknüpft», erklärt Born. Dass man im Schlaf unbewusst die Gedächtnisinhalte neu organisiert, verschafft einem am nächsten Morgen offenbar einen besseren Überblick über ein tags zuvor aufgetretenes Problem – und bringt so die Eingebung.

Kapitel 6
Alles hat seine Zeit –
die Rhythmen des Körpers

Eigentlich wollen die jungen Reisenden aus Deutschland ein lustiges vorweihnachtliches Wochenende in Paris verbringen. Doch mitten in der Nacht zum 20. Dezember 2003 passiert das Unfassbare: Mit «ungeheurer Wucht» sei der Bus «gegen die Fahrbahnabgrenzung der Autobahn E 19 an der belgisch-französischen Grenze geprallt und in Brand geraten», schreiben die Agenturen am nächsten Morgen. Elf Menschen verbrennen. Die übrigen 36 können sich retten, weil der geistesgegenwärtige zweite Busfahrer schnell die blockierte Bustür öffnet. Der erste Fahrer hatte das Unglück ausgelöst. Vermutlich war er hinter dem Steuer eingeschlafen.

Die Statistik ist eindeutig: Nachts um zwei passieren mehr als fünfmal so viele Verkehrsunfälle wegen Müdigkeit als um sechs Uhr abends. Selbst wenn die Fahrer nicht einschlafen, reagieren sie doch auf kritische Situationen langsamer und planloser als gewohnt – und das sogar, wenn sie am Tag zuvor geschlafen haben. Schuld ist die biologische Uhr, die für die Mitte der Schlafenszeit ein absolutes Tief vorsieht. Um Energie zu sparen, laufen fast alle Systeme auf Sparflamme: Körpertemperatur, Reaktion, Wachheit und viele Faktoren mehr sind auf ein Minimum herabgeregelt. Seit Jahrmillionen haben der Mensch und seine Vorfahren zu dieser Zeit geschlafen. Körper und Geist sollen sich regenerieren, nicht Auto fahren.

Auf die moderne 24-Stunden-Gesellschaft hat sich die Evolution noch nicht eingestellt – mit weit reichenden Folgen: Der Reaktor des Atomkraftwerks von Tschernobyl schmilzt im Jahr 1986, weil das Kontrollpersonal nachts um 1.23 Uhr Fehler während eines Sicherheitschecks macht. Der Unfall des Atomkraftwerks im US-amerikanischen Three Mile Island bei Harrisburg beginnt 1979 um 4.03 Uhr in der Nacht mit einer harmlosen Störung im Kühlsystem und wird nur deshalb zur Beinahekatastrophe, weil das Personal falsch reagiert. Der Öltanker Exxon Valdez sinkt 1989 vier Minuten nach Mitternacht und verursacht eine Ölpest, deren Folgen Alaskas Küste noch heute belasten. Eine Untersuchung urteilt, der Tanker sei auf das felsige Bligh-Riff aufgelaufen, weil der zuständige dritte Offizier überarbeitet und übermüdet war.

Die Liste ließe sich beliebig fortsetzen. Chronobiologen finden fast täglich in der Zeitung bestätigt, was ihnen Tierversuche und Beobachtungen bei Menschen schon lange verraten, was aber dennoch zu oft ignoriert wird: Die zeitliche Organisation des Körpers durchdringt alle Lebensbereiche. Zwar gibt es inzwischen fast überall mehr oder weniger strenge Auflagen für Bus- und Lkw-Fahrer, die regelmäßige Pausen einlegen müssen. Die Arbeiter in Kernkraftwerken werden nachts sogar mit abwechslungsreichen Übungen und körperlichen Trainingseinheiten fit und wach gehalten.

Doch der Faktor innere Uhr lässt sich damit nicht auf Dauer überlisten. Er regelt so ziemlich alle Körperfunktionen auf und nieder. Haben die einen ein Hoch, sind die anderen gerade im Tief. Diese Zusammenhänge zu begreifen, heißt nicht zuletzt, das Leben ausgeglichener, effektiver und risikoärmer zu gestalten.

Warum man nachts leichter friert

Dass die Körpertemperatur des Menschen im Laufe eines Tages um etwa ein Grad Celsius schwankt, registrierten aufmerksame Physiologen schon im 19. Jahrhundert. Lange Zeit hielten sie den Anstieg am Tag jedoch für eine passive Folge der vermehrten körperlichen Aktivität: Muskelarbeit erzeugt nun mal Wärme. Erst 1906 gelang bei Affen der Nachweis, dass der Temperaturzyklus auch ohne äußeren Einfluss oszilliert. Und die Bunkerexperimente von Aschoff und Wever zeigten schließlich, dass selbst die Temperatur des Menschen ihrem eigenen Rhythmus gehorcht. Wie sonst könnten sich die Zyklen aus Warm und Kalt und Schlaf- und Wachzustand im Isolationsexperiment voneinander abkoppeln?

Der Andechser Bunker offenbarte auch erstmals, wie genau die Temperatur-Uhr verglichen mit anderen Bio-Rhythmen ist. Bei den meisten Probanden läuft sie stur weiter, wiederholt ihre Hochs und Tiefs im Abstand von knapp über 24 Stunden, egal wie stark die anderen Zyklen durcheinander geraten. Sie scheint evolutionär zudem so verwurzelt zu sein, dass sie bereits tickt, lange bevor sich die meisten anderen zirkadianen Rhythmen ausbilden: Forscher registrierten schon bei zwei Tage alten Babys regelmäßige tägliche Temperaturschwankungen.

Heute benutzen Chronobiologen in Versuchen mit Menschen die Messung der Körpertemperatur meist als Kontrolle, die ihnen von allen leicht erfassbaren Parametern am genauesten sagt, auf welcher Stunde die innere Uhr gerade steht. Frühmorgens, wenn man noch schläft, beginnt die Temperatur-Uhr mit einem zunächst schwachen, dann steiler werdenden Anstieg, der auf den kommenden Tag vorbereitet. Beim Aufstehen erreicht sie ungefähr 37 Grad Celsius. Ihren Spitzenwert von etwa 37,5 Grad erklimmt sie am Nachmittag. Im Normalfall sinkt sie bereits am Abend wieder auf zirka 37 Grad ab und bereitet den Menschen so auf den bevorstehenden Schlaf vor. Wir werden nämlich umso müder, je geringer unsere Körpertemperatur ist. Das Minimum von etwa 36,5 Grad erreicht sie zwischen vier und sechs Uhr nachts, je nachdem, wie eulen- oder lerchenhaft die Menschen sind. Wer zu dieser Zeit wach ist, friert ungleich leichter als sonst.

In der Regel wird dieser chronobiologisch vorgegebene Verlauf von vielen Aktivitäten überlagert, was letztlich eine mehr oder weniger stark gezackte Temperaturkurve auslöst. Und natürlich hat auch das Verhalten seinen Anteil an der Gesamtmodulation: Bei Testpersonen, die unentwegt im Bett liegen, schwankt die Temperatur nur noch halb so stark wie bei Menschen, die normal leben, also tags aktiv und nachts ruhig sind. Die äußeren Einflüsse lassen vor allem die An- und Abstiege steiler erscheinen, als sie tatsächlich sind.

Die meisten periodischen Stoffwechselgeschehen folgen einem ähnlichen Muster wie die Körpertemperatur. Aber: Die Hochs und Tiefs sind nicht gleichgeschaltet, sondern tauchen zu unterschiedlichen Zeiten auf, die Reaktion auf die äußeren Einflüsse ist verschieden, und manchmal überlagert ein ultradianer Rhythmus den Tageszyklus, etwa bei der gepulsten Ausschüttung von Hormonen. Herzschlag, Atemfrequenz und Blutdruck sind nachts niedrig, steigen vormittags steil an, sinken teilweise nochmal ab und erreichen später nachmittags ihr Tageshoch. Das Wachstum von Haaren und Haut ist nachts am größten, Immunzellen produzieren am Nachmittag die meisten Abwehrstoffe, und die Nieren geben insbesondere morgens Wasser ab.

Seit vielen Jahren versuchen die Chronobiologen, die einzelnen Tageszyklen des menschlichen Körpers ebenso gut aufzuschlüsseln wie die Temperatur-Uhr. Doch das Unterfangen ist schwierig. Die physiologischen Abläufe sind stark miteinander verwoben, beeinflussen sich gegenseitig und reagieren auf unterschiedliche Nachstellsignale. Erst eine Reihe von Experimenten und reichlich Mathematik brachten die Forscher ihrem Ziel, die Zyklen isoliert zu betrachten, näher.

Einer der ersten Versuche ist noch heute legendär, weil er plausibel darstellt, wie unterschiedlich sogar nah verwandte Tagesrhythmen zustande kommen können: Im Jahr 1957 lebten einige Testpersonen während der Zeit der Mitternachtssonne eine Woche auf Spitzbergen, wo es zu dieser Zeit ständig hell ist. Ohne ihr Wissen waren die Armbanduhren der Testteilnehmer so manipuliert, dass ein Tag 27 Stunden dauerte. Die Anpassung gelang, was sich nicht zuletzt daran zeigte, dass die Menschen immer dann am meisten Urin abgaben, wenn ihre Armbanduhren Morgen anzeigten. Ganz anders verhielt es sich mit dem Zyklus des Salzgehalts im Urin. Er folgte weiterhin stur dem ungefähren 24-Stunden-Tag der inneren Uhr.

Die beiden für gewöhnlich synchron laufenden Nierenfunktionen – die Regulation der Körperflüssigkeit und die Filterung von Salzen aus dem Blut – waren auf einmal entkoppelt. Offenbar sind sie unterschiedlich stark den Signalen der biologischen Uhr unterworfen: Die Wasserabgabe ist ein eher passiver Prozess, der vor allem von der Verdünnung des Blutes abhängt, die wiederum anderen periodisch schwankenden Einflüssen wie dem Schlafen und dem morgendlichen Trinken unterliegt. Die aktive Blutfilterung und Salzabgabe der Nieren wird hingegen in hohem Maß direkt von der biologischen Zeitmessung diktiert und erreicht ein Maximum ungefähr zur inneren Tagesmitte.

Auch bei den Hormonen ergibt die genaue Analyse, dass ihre schwankende Menge im Blut oft nur über Umwege von der Chronozentrale im Zwischenhirn gesteuert wird: Das Wachstumshormon wird vor allem im Tiefschlaf gebildet, also in den ersten drei bis vier Schlafstunden, was auch erklärt, warum Kinder hauptsächlich zu dieser Zeit wachsen. Sein Tagesverlauf folgt also dem Schlaf-Wach-Zyklus und damit nur indirekt der inneren Uhr. Die Hormone Melatonin und Cortisol beeinflusst der physiologische Zeitmesser hingegen direkt: Melatonin wird im Laufe der Nacht und Cortisol vor allem vormittags ausgeschüttet, wobei der erste Anstieg ein bis zwei Stunden vor dem Aufwachen einsetzt und den Schläfer auf den neuen Tag vorbereitet.

Die isolierte Betrachtung der Körperrhythmen ließ die Chronobiologen sogar von der einst vehement vertretenen These abrücken, die innere Uhr des Menschen brauche für einen Tag 25 Stunden. Sie wurde während der Bunkerexperimente geboren, weil dort die meisten Menschen ungefähr alle 25 Stunden zu Bett gingen. Doch vermutlich hatte die unnatürliche Situation im Bunker den Schlaf-Wach-Rhythmus der Probanden leicht verzögert. Tatsächlich taktet der Suprachiasmatische Kern des Durchschnittsmenschen den Tag auf etwa 24 Stunden und 20 Minuten. Diesem Wert

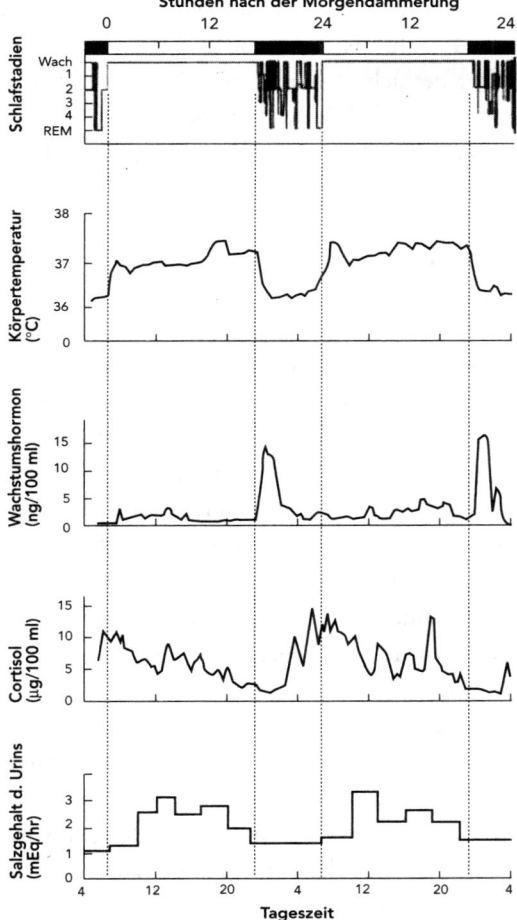

Einige der wichtigsten menschlichen Tagesrhythmen. Der Schlaf ist in die bekannten Stadien unterteilt. Die Körpertemperatur sinkt nachts ab, das Wachstumshormon gipfelt während des Tiefschlafs, Cortisol morgens, die Abgabe von Salzen im Urin tagsüber.

folgt neueren Untersuchungen zufolge der völlig ungestörte Schlaf-Wach-Rhythmus. Und auf diesen Zeitraum pendeln sich – isoliert betrachtet – alle drei physiologischen Zyklen ein, die der inneren Uhr am direktesten gehorchen: die Schwankungen des Melatonins, des Cortisols und der Körpertemperatur.

Die Hormonuhr

Moderne Endokrinologen können am Blutbild eines gesunden Menschen die Tageszeit ablesen. So wie Singvögel zu bestimmten Zeiten loszwitschern, ist auch die Abgabe jedes einzelnen Botenstoffs im Körper punktgenau getimt. Eine Schlüsselrolle übernehmen dabei drei Strukturen des Gehirns: das Chronozentrum, die Zirbeldrüse, die das Hormon Melatonin bildet, und die Hypophyse, die direkt mit dem Zwischenhirn verbunden ist und über eine Vielzahl von Botenstoffen das Hormongeschehen fast des ganzen Körpers dirigiert.

Der Suprachiasmatische Nukleus gibt die Uhrzeit vor und sichert über seine Kontakte mit den Sehzellen des Auges, dass die Zeit des Körpers an den äußeren Hell-Dunkel-Rhythmus angepasst ist. Er gibt über chemische Signale und Nervenverbindungen den anderen beiden Organen Zeichen, wann sie welche Hormone in die Blutbahn ausschütten sollen.

Die Rolle des Melatonins, dessen Rhythmus der inneren Uhr streng folgt, ist beim Menschen noch immer nicht genau geklärt. Es gibt jedoch eine Vielzahl von Indizien, dass das Hormon als Nachtsignal fungiert: Melatonin wird ausschließlich nachts produziert. Erst am späten Abend beginnt sein Blutspiegel anzusteigen, der am nächsten Morgen wieder drastisch sinkt. Dasselbe geschieht auch mitten in der Nacht, wenn die Zirbeldrüse über Augen und SCN Helligkeitssignale erhält. So ist es vermutlich die Melatoninkonzentration, die dem gesamten Körper Informationen über die Tageslänge liefert, den Organen sagt, ob sie auf Tag- oder Nachtbetrieb schalten sollen, und vielleicht sogar ein Jahreszeitensignal vermittelt.

Auch die unerklärlichen Ergebnisse eines Experiments aus dem Jahre 1998 begründen Forscher heute mit Hilfe der Mittlerrolle des Melatonins: Damals beleuchteten zwei Biologen von der Cornell University in Ithaca, USA, nachts die Kniekehlen von Versuchspersonen und veränderten damit ihren Temperaturrhythmus. Heute glaubt man, dass das Licht im Blut zirkulierendes Melatonin zerlegt und so den Pegel des Hormons gesenkt hat, was die biologische Uhr der Probanden verstellte. Zwei Argumente sprechen dafür: Melatonin zerfällt durch Lichteinfluss, und die Blutgefäße laufen in der Kniekehle so dicht unter der Haut, dass Licht problemlos bis zu ihnen vordringen kann.

Weitaus komplexer ist das Zusammenspiel zwischen Chronozentrum und Hypophyse, auch Hirnanhangsdrüse genannt. Das aus vielen Einzeldrüsen zusammengesetzte menschliche Hormon-Steuerzentrum schüttet überwiegend Zwischenboten aus, die über die Blutbahn zu anderen Drüsen gelangen. Dort regeln sie die Aktivierung von Hormonen, die dann nahezu alle Prozesse im Körper beeinflussen. Hinreichend bekannt ist bereits die chronobiologische Steuerung des Cortisols: Das Chronozentrum reguliert zunächst die Abgabe des Corticotropin freisetzenden Hormons aus Nervenzellen im Zwischenhirn. Dieses Hormon veranlasst die Hirnanhangsdrüse, Adrenocorticotropin auszuschütten, was die Nebennierenrinden zur Abgabe von Cortisol anregt, aber auch andere so genannte Stresshormone auf den Weg bringt, etwa das Adrenalin.

All diese Prozesse laufen während der letzten zwei Stunden vor dem Aufwachen ab. Sie bereiten den Körper auf eine seiner drastischsten Umstellungen vor: den Wechsel vom körperlichen Regenerations- und geistigen Verarbeitungsprogramm der Nacht auf das Aktivitäts-, Kommunikations- und Nahrungsbeschaffungsprogramm des Tags. Die Stresshormone kurbeln die Durchblutung der Muskeln an, induzieren in der Leber die Produktion von Zucker als schnell verfügbaren Treibstoff, hemmen die Arbeit des Immunsystems und vieles mehr.

1999 machte das Team des Lübeckers Jan Born die Stresshormone sogar verantwortlich dafür, dass Menschen oft auch ohne Wecker zu einer beliebigen, vorher festgelegten Zeit aufwachen können. Sie sagten einem Teil von Testschläfern vor dem Einschlafen, dass sie um neun geweckt würden; einem anderen Teil kündigten sie das Wecken für sechs Uhr an. Tatsächlich weckten die Forscher aber auch ein paar jener Schläfer früh, die mit dem Ausschlafen bis neun rechneten. «Wenn die Probanden erwarteten, um sechs Uhr geweckt zu werden, zeigten sie während der letzten Stunde vor dem Aufwachen einen deutlichen Anstieg des Adrenocorticotropin-Levels verglichen zu jenen, die überraschend geweckt wurden», schildert Born das erstaunliche Resultat: Offenbar beeinflussen wir das Timing unserer Hormonausschüttung unbewusst selbst und steuern so im Vorhinein den Zeitpunkt unseres Aufwachens.

Essen und Verdauen

Franzosen frühstücken, wenn überhaupt, ein trockenes Croissant, getunkt in Milchkaffee, Engländer lieben schon morgens *ham and eggs*, und Deutsche bevorzugen Graubrot mit Marmelade. Die Essgewohnheiten sind verschieden und scheinen von der inneren Uhr weitgehend unbeeinflusst zu sein. Und doch fanden Neurobiologen im Gehirn tageszyklisch schwankende Botenstoffe, die unseren Appetit manipulieren. Morgens taucht vermehrt ein Neuropeptid auf, das die Lust auf Kohlehydrate fördert, also den allgemeinen Trend zu Brot, Müsli oder Marmelade unterstützt. Am Abend häuft sich hingegen Galanin, ein Stoff, der das Verlangen nach Fett erhöht.

Auch unterschiedliche Essgewohnheiten könnten also auf die verschiedenen Chronotypen zurückzuführen sein. Vielleicht sind die Franzosen, die frühmorgens wenig und abends spät und viel essen, schlicht eulenhafter als die Briten, die sich schon kurz nach dem Aufstehen den Bauch voll schlagen und abends kleine Mahlzeiten bevorzugen. Wahrscheinlicher ist jedoch, dass auch die Uhren des Appetits lernfähig sind und sich an das Gewohnte anpassen. Isst man morgens immer fettreich, werden vermutlich auch die nötigen Verdauungsenzyme rechtzeitig bereit gestellt. Der Chronobiologe Ueli Schibler fand mit seiner Arbeitsgruppe an der Genfer Universität im Jahr 2000 heraus, dass die innere Uhr der Mäuseleber die Produktion ihrer Enzyme nach dem Zeitpunkt der bisherigen Mahlzeiten taktet. Selbst wenn Schibler die nachtaktiven Versuchstiere zum Fressen am Tag zwang, folgte die Leberuhr ohne Murren und entkoppelte sich so von der Schwingung des Chronozentrums im Zwischenhirn.

Und doch spricht einiges dafür, dass Menschen besser mittags oder abends statt nachts oder morgens völlen: Während der Siesta und am Abend wird das Verdauungssystem besonders gut durchblutet, Magen und Darm sind extra aktiv. Abends gipfelt zusätzlich die Produktion von Magensäure, was vor allem den Fettabbau unterstützt. Nachts sinken all diese Faktoren auf ein Minimum. Auch dass die meisten Menschen nur abends Alkohol trinken, hat einen chronobiologischen Hintergrund: Mittags ist die Alkohol-Dehydrogenase, ein Enzym, das beim Abbau des Rauschmittels hilft, noch kaum aktiv. Männer, denen einer Studie zufolge ein kleines Gläschen Alkohol abends kaum anzumerken ist, zeigen mittags nach Konsum der gleichen Menge deutliche Schwächen der Gehirnaktivität. Bei Tests in einem Autosimulator offenbaren sie zudem alarmierende Anzeichen mangelnder Fahrtüchtigkeit.

In einer anderen Essensangelegenheit geht fast der ganze Globus konform: Die Einteilung des Speiseplans in drei große Mahlzeiten am Tag. Sie scheint von einem ultradianen Rhythmus aus Hungergefühl und Essensunlust ausgelöst zu sein, der streng eingehalten wird. Im Jahr 2001 fand ein Forschungsteam um den Mediziner David Cummings von der Universität in Seattle, USA, den Botenstoff, der höchstwahrscheinlich das zyklische Auf und Nieder unseres Hungergefühls verantwortet. Er heißt Ghrelin, wird vor allem im Magen gebildet und steigt ein bis zwei Stunden vor einer Mahlzeit steil an, nämlich auf etwa das Doppelte seines ursprünglichen Wertes, um danach wieder abzufallen. Im Laufe des Tages treten alle vier bis fünf Stunden neue Gipfel auf, nachts bleibt diese Rhythmik aus. Für ihre pünktliche Wiederkehr dürfte die zentrale biologische Uhr verantwortlich sein. Über das exakte Timing der einzelnen Höhepunkte bestimmen aber vermutlich auch die vorhergehenden Mahlzeiten mit.

Der Hungerbote Ghrelin ist indes keineswegs isoliert. Er beeinflusst die anderen Substanzen, die den menschlichen Stoffwechsel regeln, etwa Insulin, Glukagon und Leptin, und wird von diesen ebenfalls manipuliert. Der Insulinspiegel steigt zum Beispiel direkt nach einer Mahlzeit sprunghaft an, und es ist zu vermuten, dass er damit auch den Abstieg des Ghrelins auslöst. Hinzu kommt, dass alle beteiligten Stoffe auch noch tageszyklisch schwingen. Der Ghrelinspiegel erhöht sich zusätzlich zu den kurzen Spitzen vor den Mahlzeiten nämlich auch kontinuierlich im Tagesverlauf. Ebenfalls dürfte der Grad der gegenseitigen Kopplung aller beteiligten Substanzen schwanken. Genau erforscht sind diese Zusammenhänge aber noch nicht. Klar scheint immerhin, dass das komplexe System von Essen und Verdauen ein sensibles Gleichgewicht bildet. Um dieses zu erhalten, ist ein konstantes zeitliches Grundmuster, vorgegeben von der inneren Uhr und unterstützt durch regelmäßige, ausgewogene Mahlzeiten, offenbar wichtig: Erkrankungen wie Diabetes oder Übergewicht können nämlich auch die Folge eines chronobiologischen Durcheinanders sein.

Zeit für Leistung

Dass Menschen nachts müde sind, ist eine Trivialität. Dass sie aber für gewöhnlich nachts auch dann weniger leisten, wenn sie kurz zuvor geschlafen haben, ist schon überraschender. Der Schlaf-Wach-Zyklus ist jedoch nur einer von mehreren chronobiologischen Faktoren, die unsere körperliche wie geistige Leistungsfähigkeit beherrschen. Die vielen Uhren des Körpers sind so getaktet, dass wir auf allen Ebenen genau dann am belastbarsten sind, wenn wir auch mit der größten Belastung zu rechnen haben.

Die geistige Aufmerksamkeit des Menschen steigt kurz nach dem Aufwachen rasch an und hält sich auf dem hohen, sogar noch leicht ansteigenden Niveau bis in den frühen Abend. Nur zur Mittagsschlafzeit wird das Plateau durch eine kleine Senke unterbrochen, verursacht durch die gesteigerte Schläfrigkeit. Das Kurzzeitgedächtnis funktioniert morgens am besten und lässt im Tagesverlauf stetig nach. Wer Dinge aus dem Langzeitgedächtnis hervorkramen möchte, ist dagegen am frühen Nachmittag am erfolgreichsten. Und für produktive Arbeiten, die logisches Handeln und das Lösen komplexer Problemstellungen erfordern, bietet sich der späte Vormittag an. Der Statistik zufolge sind dann Sprach- und Denkfähigkeit am höchsten. Fordert eine Aufgabe vor allem die Sinne, etwa weil schnelle Reaktionen gefragt sind, wird sie am ehesten spätnachmittags und abends gelöst. Dann arbeiten die Nerven besonders geschwind, was sich auch in einem gesteigerten Hör- und Schmerzempfinden ausdrückt.

Auch der Körper leistet nicht zu jeder Zeit gleich viel: Am späten Nachmittag und frühen Abend sollen Muskelkraft,

Ausdauerfähigkeit und der Kreislauf ihr Tageshoch aufweisen, was sich angeblich auch in einer besonderen Häufung der Rekorde von Hochleistungssportlern niederschlägt. Turner nutzen aber besser den frühen Nachmittag, weil dann die Koordination am besten vonstatten geht. Und Bodybuilder sollten erst am späten Abend zu den Hanteln greifen. Dann ermöglicht die innere Uhr den größten Bizepszuwachs.

Als diese Ergebnisse in den vergangenen Jahrzehnten nach und nach publik wurden, nahm man sie dankbar an. Lehrer planten, wann ihr Unterricht besonders anspruchsvoll sein sollte, Sportler erarbeiteten neue Trainingspläne, Manager timten mit ihrer Hilfe den Zeitpunkt schwieriger Sitzungen. «Sex um acht» empfahl gar ein populärwissenschaftliches Buch in seinem Titel, weil zu dieser Zeit der Blutspiegel des männlichen Geschlechtshormons Testosteron besonders hoch ist.

Heute ist man vorsichtiger: Wissenschaftliche Ergebnisse in allzu griffige Tipps umzudeuten, ist stets gefährlich. Denn die so oft zitierten Resultate sind nur statistische Mittelwerte – und die lassen sich nicht ohne weiteres verallgemeinern. Auch chronobiologisch gesehen ist kein Mensch wie der andere. Die Chronotypen der Eulen und Lerchen spiegeln sich überall wider. Wer morgens langsamer aus seiner Schläfrigkeit herauskommt, hat nachts auch später seinen absoluten Tiefpunkt und wird entsprechend verzögert seine Höhepunkte erreichen. «Wir kommen nicht an der Erkenntnis vorbei, dass die gesamte Biochemie aller Zellen des Körpers einer klaren Tagesstruktur unterliegt. Und die wird diktiert von inneren Uhren, die genetisch vererbt werden und jeden Menschen auf individuelle Rhythmen prägen», sagt Till Roenneberg.

Hinzu kommt ein zweiter Faktor, der viele Rhythmen des Körpers zu beeinflussen scheint. Zunehmend entdecken Forscher, dass zyklische Prozesse sich selbst takten – also eine Art Zeitgedächtnis besitzen. Die Abrufbarkeit spezifischer Erinnerungen oder auch die Fähigkeit, sportlich trainierte Leistungen möglichst gut zu wiederholen, gipfeln oft zu den gewohnten, individuell verschiedenen Schul- oder Trainingszeiten. Die Chronozentrale im Gehirn scheint in diesen Fällen den peripheren Uhren nur zu sagen, wie schnell sie laufen sollen. Ihre Zeiger verstellen die Organ-Uhren selbst und entscheiden deshalb weitgehend unabhängig auf der Basis bisheriger Ereignisse, wann sie auf ihr Tageshoch zusteuern.

«Es macht einen adaptiven Sinn, die Erfahrung von heute als zeitliche Grundlage für morgen zu nutzen», bringt die niederländische Biologin Barbara Biemans dieses Konzept auf den Punkt. Sie analysierte, warum gerade Gedächtnisleistungen eine überraschende zeitliche Flexibilität besitzen: Lernen Versuchstiere einer unangenehmen Situation aus dem Weg zu gehen, reagieren sie anschließend immer zur gleichen Tageszeit besonders sensibel auf Signale, die der Situation vorauseilen. Offenbar schwankt ihr Erinnerungsvermögen im 24-Stunden-Rhythmus, wobei das Maximum zur Uhrzeit des ursprünglichen Lernens erreicht ist. Dieser tageszeitliche Trainingseffekt wird eindeutig von der inneren Uhr gesteuert, fand Biemans heraus. Ihre Versuchstiere beherrschten ihn auch dann, wenn sie von allen äußeren Zeitgebern isoliert waren.

Interessanterweise beruht die Modulation des Erinnerungsvermögens nicht auf einer Leistungssteigerung während des richtigen Zeitfensters, sondern darauf, dass das Gedächtnis zu allen anderen Zeiten von der zentralen Uhr unterdrückt wird. Das Erinnern an sich scheint im Laufe der Evolution also nicht so wichtig gewesen zu sein wie die Fähigkeit, eine Erinnerung mit dem Zeitpunkt des Lernens zu verknüpfen. Menschen, die sich auf eine Prüfung vorbereiten, sollten angesichts solcher Resultate vielleicht bevorzugt zu der Uhrzeit üben, zu der später die Prüfung stattfinden wird. Ob sich die vergleichsweise simplen Tierversuche auf die komplexe Situation menschlichen Lernens übertragen lässt, ist allerdings fraglich.

Sportler folgen ähnlichen Ratschlägen indes schon länger. Moderne Athleten berücksichtigen immer auch die Tageszeit des nächsten Wettkampfs. Und ein Forscherteam um den US-Amerikaner Alexander Zambon lieferte 2003 eine Erklärung für das Phänomen: Die innere Uhr von Quadrizeps-Muskeln wird durch hartnäckige Arbeit neu gestellt, indem die Uhren-Gene der Zellen ihren Zyklus von vorne beginnen. So bereiten sie ihr Organ darauf vor, 24 Stunden später die optimale Leistung abzurufen.

Der Einfluss des Mondes

Der Mond braucht 27,3 Tage, um sich einmal um die Erde zu drehen, und weil sich gleichzeitig die Erde ein Stück weiter bewegt, gibt es etwa alle 29,5 Tage Vollmond. Dieser Mondphasenzyklus findet eine verblüffende Entsprechung im physiologischen Geschehen der Frau: Auch ihr Menstruationszyklus wiederholt sich im Durchschnitt alle 29,5 Tage. Kann das Zufall sein? Ja! So lautet zumindest das Fazit der allermeisten seriösen Analysen.

Die Monatszyklen von Frauen können zum Teil stark schwanken. Bei manchen dauern sie sogar sechs bis acht Wochen. Würde ein chronobiologisches Prinzip zugrunde liegen, müsste sie der Mond als akkurater Zeitgeber viel exakter einstellen können. Zudem gibt es keinen Zusammenhang zwischen den einzelnen Mondphasen und dem Menstruationszeitpunkt. Anekdotische Überlieferungen, Frauen würden gehäuft am Voll- oder Neumond bluten, lassen sich statistisch nicht belegen. Auch wurde noch kein Weg gefunden, wie der Mond in das physiologische Geschehen eingreifen könnte. Weder die Änderungen des Erdmagnetfelds noch die Schwankungen der inneren Druckverhältnisse durch den Mond scheinen stark genug, um Signalwirkung zu haben. Die Auswirkung der Mondanziehung auf die Körperflüssigkeiten ist so gering, dass sie zum Beispiel der auftretenden Druckänderung entspricht, wenn man in einem Haus vier Stockwerke nach oben oder unten geht.

Trotz solcher Fakten glauben einer Umfrage zufolge, die das Berliner Forsa-Institut 2003 für die Zeitschrift *Geo* durchführte, fast ein Drittel aller erwachsenen Deutschen, dass der Mond die Monatsblutung beeinflusst. Insgesamt scheint der jahrhundertealte Aberglaube an eine tiefe Wirkung des Erdtrabanten ungebrochen: Manche lassen sich von der Mondphase diktieren, wann sie zum Friseur oder zum Arzt gehen, sich Aktien kaufen oder einen Partner suchen. Der Mond bewege Selbstmordraten, Geburtenhäufigkeiten und Verkehrsunfälle, glauben 30 bis 40 Prozent der Befragten. Fast neun von zehn Deutschen sind überzeugt, dass der Mond den menschlichen Schlaf manipuliert. Keine seriöse Studie konnte solche Zusammenhänge bis heute belegen. Skeptiker erklären das Phänomen damit, dass wir Beobachtungen besser abspeichern, wenn sie eine vorher aufgestellte Hypothese bestätigen. Rein statistisch schlafen Menschen zwar bei Vollmond nicht schlechter als sonst, sie erinnern eine durchwachte Nacht aber besser, wenn sie eine Erklärung dafür haben.

Dass der Mond irgendeinen Einfluss auf den Menschen haben könnte, ist nach heutigem Wissensstand zwar nicht auszuschließen. Auch dass vor Ewigkeiten einmal der Menstruationszyklus ein echter zirkalunarer Rhythmus war, ist möglich. Theoretisch könnte uns Menschen ja heute schlicht das Mondgefühl verloren gegangen sein, und der weibliche Zyklus läuft nun frei, wie der Schlaf-Wach-Rhythmus einer Testperson im Bunkerexperiment. Doch was sollte die Evolution einst überhaupt dazu bewegt haben, die Regelblutung zeitlich nach dem Mond auszurichten?

Die innere Zeitmessung stimmt die Menstruation also offenbar nicht mit dem Mond ab. Aber es spricht vieles dafür, dass sie den weiblichen Zyklus kontrolliert: Vor rund 15 Jahren nahm eine Frau zweimal innerhalb von zwei Jahren an einem mehrwöchigen Bunkerexperiment des indischen Chronobiologen Maroli Chandrashekaran teil. Beide Male dauerte ihr Menstruationszyklus 28 echte Tage, obwohl ihr Schlaf-Wach-Rhythmus sich dramatisch verschob. Ihre erlebten Tage dauerten gegen Ende des Versuchs rund 46 Stunden. Aus ihrer Sicht lagen deshalb gut zehn Tage weniger als normal zwischen ihren Blutungen. Die Schwankungen der Körpertemperatur zeigten dagegen während der gesamten Experimente das erwartete gut 24-stündige Auf und Nieder. Fazit des indischen Forschers: Der Monatszyklus des Menschen ist eindeutig nicht an den zirkadianen Aktivitätsrhythmus gekoppelt. Dass ihn hingegen die gleiche zentrale biologische Uhr steuert, die auch die Körpertemperatur beeinflusst, scheint nahe liegend.

Die Medizin entdeckt die Zeit

Im 19. Jahrhundert entwarfen führende Ärzte ein völlig neues Bild vom physiologischen Geschehen. Es hat bis heute Bestand – führt aber auch nach wie vor oft in die Irre: Der menschliche Körper sei bestrebt, einen Zustand vollkommenen Gleichgewichts einzuregeln, den er möglichst gegen alle Störungen und auf allen Ebenen verteidigt, lautete die These. Das Gleichgewicht nannten die Forscher Homöostase. Und je näher wir dieser Homöostase kommen, desto gesünder sind wir. Fehlt dem Körper etwas, muss es zugeführt werden, gibt es einen Überschuss, muss man diesen entfernen. Pharmakologische Schwankungen sind Gift in den Augen der Homöostatiker, gefährden sie doch das Gleichgewicht. Bis heute werden die meisten Arzneien daher möglichst gleichmäßig mehrmals über den Tag hinweg dosiert.

Die Erkenntnisse der Chronobiologie stellen diese Schlussfolgerung auf den Kopf, ohne allerdings an der Grundidee der Homöostase zu rütteln: Der Körper regelt seine Prozesse zwar ständig auf ein bestimmtes Niveau – dieses Niveau verändert sich aber systematisch im Laufe eines Tages, Monats oder Jahres.

Erst allmählich spricht sich die logische Konsequenz herum: Viele Tabletten und Therapien wirken nicht zu jeder Tageszeit gleich – so wie Alkohol mal schneller und mal langsamer betrunken macht. «Die starren Dosierungsschemen von Medikamenten müssen neu überdacht werden», predigt Björn Lemmer schon seit Jahren – mit zunehmendem Erfolg: Der Professor von der Universität Heidelberg gilt als einer der Gründer der so genannten Chronopharmakologie, die die Erkenntnisse der Chronobiologie in die Arzneimittelgabe integriert. Sie hat sich mittlerweile weltweit Respekt verschafft und schickt sich an, in manchen Anwendungsbereichen herkömmliche Verordnungsstrategien zu verdrängen.

Eines der positivsten Beispiele ist die Chemotherapie gegen Krebs. Dort gibt es heute programmierbare Infusionspumpen, die das Medikament nach einem definierten Tagesrhythmus verabreichen. Die Pumpen schütten ihre Gifte, die wahllos alle sich teilenden Zellen angreifen, genau dann aus, wenn sich auf Kommando der inneren Uhr möglichst wenig gesunde Zellen teilen. Dadurch können die Mediziner die Medikamentendosis erhöhen und besonders viele Tumorzellen vernichten, deren Teilungsaktivität vom biologischen Rhythmus unbeeinflusst ist.

Im Vergleich zu herkömmlichen Verfahren sind die Chronotherapien um mindestens ein Fünftel wirksamer als tageszeitunabhängige Verfahren. Besonders effektiv scheinen sie bei Darmkrebs zu sein: Starke Mundschleimhautentzündungen, die häufigste Nebenwirkung, sind einer Studie des französischen Chronotherapie-Pioniers Francis Lévi zufolge bei nicht modulierter Chemotherapie viel häufiger als bei Chronotherapie. Neun von zehn der gleichmäßig behandelten Patienten mussten die Entzündung mindestens einmal, oft sogar mehrmals ertragen. Aber nur knapp ein Fünftel derjenigen, die das Mittel tageszeitabhängig erhielten, bekamen die Nebenwirkung überhaupt. Gleichzeitig konnten die Ärzte die Tagesdosis der Zellgifte deutlich erhöhen, was den Behandlungserfolg – gemessen über die Größenabnahme der Tumore – im Mittel von 32 auf 53 Prozent verbesserte.

Dank Chronotherapie gibt es mittlerweile sogar Hoffnung für Menschen mit fortgeschrittenem Darmkrebs, der inoperable Metastasen in die Leber entsandt hat: Chronotherapeuten aus Japan und Frankreich gelang es in den letzten drei Jahren, die Metastasen zum Teil so weit zurückzudrängen, dass sie chirurgisch entfernt werden konnten. Die ansonsten erschreckend geringen Fünf-Jahres-Überlebensraten stiegen auf 39 bis 50 Prozent an. «Es ist Zeit für Chronotherapie», forderten Francis Lévi und Kollegen 2003 aus den bislang von 48 Zentren in 12 Ländern gesammelten Erfahrungen. Die Methode müsse als neue Therapieoption nicht nur für Krebs, sondern auch für andere Krankheiten akzeptiert werden.

Die Krebsärzte sind nämlich bei weitem nicht die Einzigen, die aus der Chronobiologie neue therapeutische Möglichkeiten schöpfen. «Viele Studien zeigen, dass auch Krankheitssymptome eine ausgeprägte tageszeitliche Strukturierung aufweisen können», sagt Björn Lemmer. Sein Fazit: Ein ausgeklügelter Terminplan für Gegenmittel kann nicht nur Nebenwirkungen verringern, sondern auch direkt die Wirkung des Medikaments erhöhen.

Beispiel Asthma: Bei jedem Menschen nimmt nachts die Lungenaktivität ab, und der Spiegel der immunhemmenden Hormone Cortisol und Adrenalin sinkt. Asthmatiker bekommen ihre Atemnot-Attacken deshalb häufig in der späten Nacht. Ärzte folgen seit einigen Jahren dem Rat von Chronopharmakologen und verordnen abends die doppelte Dosis des Asthmamedikaments im Vergleich zu morgens. Neue Präparate sind sogar so zusammengesetzt, dass sie nur noch einmal täglich am Abend eingenommen werden müssen.

Beispiel Magengeschwür: Der Gastrologe John Moore von der Universität in Salt Lake City, USA, beobachtete schon 1989, dass es im Magen seiner Patienten immer gegen Abend zu sauer wurde – obwohl sie effektive Gegenmittel wie H2-Blocker einnahmen. Er folgerte, dass der körpereigene Rhythmus der Magenpatienten über die monotone Medikation dominiert: «Abends ist mehr des Medikaments erforderlich als zu anderen Tageszeiten, um einen gleich bleibenden säurehemmenden Effekt zu erzielen.» Björn Lemmer geht noch weiter: «H2-Blocker sollten nur noch in einer Einzeldosis abends verabreicht werden.»

Besonders deutlich wird die Rolle der Chronopharmakologie bei künstlichen Hormongaben wie dem Cortisol, das gegen chronische Entzündungskrankheiten eingesetzt wird, wie rheumatoide Arthritis oder heftige Allergien: Der Körper überwacht laufend seine eigene Hormonproduktion. Zum Tageshoch erzeugt er folglich nur dann viel Cortisol, wenn der Hormonspiegel vorher auch niedrig genug war. Eine systemische – also nicht vor Ort, sondern über die Blutbahn wirkende – nächtliche Hormongabe hätte fatale Folgen: Der Körper würde einen zu hohen Spiegel messen und die eigene Hormonproduktion drosseln. Deshalb wird Cortisol immer nur morgens, parallel zum biologischen Rhythmus, verabreicht.

Ein besonders wichtiges Einsatzgebiet der Chronopharmakologie ist die Behandlung des Bluthochdrucks, nicht nur, weil Herzinfarkte zwischen sechs und zwölf Uhr morgens gehäuft auftreten, was vor allem auf den tageszeitlich typischen Blutdruckanstieg und die zunehmende Aktivität zurückgeführt wird. Vielmehr haben deutsche und italienische Forscher bei über zwei Drittel der Patienten, die beispielsweise wegen eines Nierenleidens unter sekundärem Bluthochdruck litten, ein untypisches Zeitprofil entdeckt: Ihr Blutdruck senkte sich nachts nicht mehr ab oder stieg sogar an. «Dadurch erhöht sich die Wahrscheinlichkeit, dass Schäden an Herz, Gehirn, Gefäßen und Nieren auftreten», sagt Chronopharmakologe Lemmer. Mit Erfolg verschrieben Ärzte diesen Patienten immer nur abends blutdrucksenkende Kalziumkanalblocker: Der nächtliche Blutdruckabfall stellte sich wieder ein.

Für die Abfederung des morgendlichen Blutdruckanstiegs bei Menschen mit einem hohen Herzinfarktrisiko gibt es mittlerweile sogar Medikamente, die ihren Wirkstoff verzögert freisetzen. Man kann sie bequem vor dem Schlafengehen nehmen, sie wirken aber dennoch zur richtigen Zeit, ungefähr ab drei Uhr nachts.

Die Diagnostik hat auf die Blutdruckschwankungen längst mit der 24-Stunden-Messung reagiert. Nur sie kann eine zuverlässige Aussage über den Gesundheitszustand eines Patienten machen. Und bei Hormonspiegel-Kontrollen achten mittlerweile auch die meisten Ärzte auf die Uhrzeit. Dadurch können sie einen Testosteronmangel oder eine Wachstumshormon-Überproduktion zweifelsfrei erkennen.

Manche Krankheiten verändern biologische Rhythmen sogar, noch bevor andere Symptome auftreten. Daher entwickelt sich derzeit eine neue Art von Chronodiagnostik, bei der Ärzte ungewöhnliche biologische Rhythmen als frühe Krankheitszeichen nutzen. Eines der ersten Symptome einer HIV-Erkrankung ist zum Beispiel die unnatürliche Tagesrhythmik von Blutbestandteilen. Unter anderem schwankt die Konzentration bestimmter Immunzellen namens CD4+ Lymphozyten deutlich geringer als gewöhnlich.

Ganz neu ist auch die Idee, sich bei Menschen mit Stoffwechselproblemen die Tagesrhythmen des unbewussten, autonomen Nervensystems genauer anzusehen. Weil dieses System unsere inneren Vorgänge überwacht, können Auffälligkeiten in seiner Rhythmik ein hohes Risiko für später auftretende ernste Erkrankungen wie Diabetes, starkes Übergewicht oder Herzinfarkt andeuten, glauben niederländische Hormon- und Hirnforscher. Solche Risikopatienten zu erkennen, bevor sie ernsthaft Schaden nehmen, würde die Vorbeugung entscheidend verbessern.

Der Chronobiologe Michael Hastings träumt angesichts solcher Beispiele bereits von einer neuen, «intelligenten» Medizin: «Man kann spekulieren, dass wir die Physiologie von Menschen in einer nicht zu fernen Zukunft als Ausdruck ihrer zirkadianen Struktur definieren.» Die Erkennung und Behandlung krankhafter Chronotypen dürfte dann ein fester Bestandteil von Diagnose und Therapie werden und der Medizin eine neue Dimension eröffnen – «die zirkadiane Zeit».

Kapitel 7
Leben zur falschen Zeit –
gestörte Zyklen und ihre Therapie

Das Wort «pünktlich» taucht im europäischen Sprachraum erst im 17. Jahrhundert auf. Es geht einher mit einem unheilvollen Trend, den der große Dichter Goethe als einer der Ersten benannte: «Alles veloziferisch» fasste er in einem Brief vom November 1825 seine Ansicht über die zunehmende teuflische (luziferische) Eile (*velocitas*) seiner Zeitgenossen zusammen: «Für das größte Unheil unserer Zeit, die nichts reif werden lässt, muss ich halten, dass man im nächsten Augenblick den vorhergehenden verspeist, den Tag im Tage vertut, und so immer aus der Hand in den Mund lebt, ohne irgendetwas vor sich zu bringen.» Mit dieser und vielen anderen Warnungen vor der beschleunigten Gesellschaft ist Goethe noch heute aktuell.

Buchautor Manfred Osten nennt Goethes Wortschöpfung veloziferisch «die Formel der Moderne». Der Dichter habe viele der zeitlichen Qualen des 20. und 21. Jahrhunderts geradezu kommen sehen, vor allem das sich kontinuierlich steigernde Lebenstempo, die Hetze und Zeitnot der Bürger, die unaufhaltsame Beschleunigung von Verkehr, Wirtschaftsabläufen und der Nachrichtenverbreitung. Das Lebenstempo ist heute höher denn je, Uhren gehen immer genauer, die Allgemeinheit reagiert zunehmend ungeduldig auf Warteschlangen; selbst die Gehgeschwindigkeit steigt.

Bis vor gut 100 Jahren hieß Produktivitätssteigerung vor allem Verlängerung der Arbeitszeit. Weil aber überanstrengte Menschen nicht effektiv sind, begann man schließlich, die knappe Ressource Arbeit gleichzeitig zu begrenzen und zu optimieren. So konstruierten Ende des 19. Jahrhunderts Techniker die erste Stechuhr, wenig später erfand Automagnat Henry Ford die Fließbandarbeit. Und auch die Schichtarbeit ließ nicht lange auf sich warten: Bis heute garantiert sie rund um die Uhr aufnahmebereite Krankenhäuser und laufende Kraftwerke, ein reibungsloses Verkehrs- und Kommunikationswesen und maximierte Maschinenlaufzeiten.

Dass Schichtarbeit die Gesundheit belastet, weil sie die biologische Uhr beschädigt, spricht sich erst langsam herum. Und auch sonst ignoriert die 24-Stunden-Gesellschaft hartnäckig die Vorgaben der Biologie. Sie erlaubt keine Leistungstiefs, Erholungszeiten, Einschlafpforten. Sie will nichts wissen vom Geflecht der zahllosen, ineinander verwobenen, zeitlich organisierten Regelkreise, die einen gesunden Körper im Gleichgewicht halten.

Die veloziferische Rücksichtslosigkeit der Gegenwart bringt die inneren Rhythmen vieler Menschen durcheinander. Sie leben zur falschen Zeit und merken dies zunächst daran, dass sie schlechter schlafen. Das wundert nicht, ist doch der Schlaf-Wach-Rhythmus der offensichtlichste Tageszyklus des Menschen, weshalb Schlafstörungen auch die bekanntesten Folgen gestörter innerer Zyklen sind. Sie sind jedoch bei weitem nicht die einzigen. Je mehr die Chronobiologen in den letzten Jahren über innere Uhren herausfanden, desto mehr Hinweise auf weitere Rhythmus-Krankheiten fanden sie.

Schlechter Schlaf und warme Socken

Wissenschaftler unterscheiden 88 verschiedene schlafbezoge-
ne Erkrankungen. Die Deutsche Gesellschaft für Schlafffor-
schung und Schlafmedizin listet derzeit 270 akkreditierte
Schlaflabors. Keines von ihnen kann sich über mangelnde
Auslastung beschweren. Im Gegenteil: Wegen der Übermüdung der Bevölkerung rechnet man hierzulande jährlich mit
einem volkswirtschaftlichen Schaden von 10 Milliarden Euro.
Das sind Kosten für die Behandlung von Schlafstörungen
und Folgekrankheiten, die Beseitigung von Unfallschäden
und den Ersatz von Arbeitsausfällen. Wie dramatisch die Situation ist, zeigt eine Studie, an der 20 000 Patienten in deutschen Allgemeinarztpraxen teilnahmen: Sieben von zehn
Befragten klagten über Schlafprobleme, vier von zehn litten
darunter nahezu nächtlich. Jeder sechste klagte zudem über
Tagesschläfrigkeit, und jeder zwölfte nickte tagsüber regelmäßig ungewollt ein.

Die Gründe für den schlechten Schlaf sind vielfältig. Genannt werden Schlafwandel, Umgebungsgeräusche, Rücken-
schmerzen, Wadenkrämpfe, falsche Schlafzimmertemperatur,
Zähneknirschen, das Restless-Legs-Syndrom, bei dem die
Beine so sehr kribbeln, dass man sie bewegen muss, Alb-
träume, Sodbrennen, extremes Schnarchen – Schlafapnoe genannt –, bei dem einem nachts der Atem stockt, die «Schlaf-
anfallskrankheit» Narkolepsie, Panikattacken, eigentlich
unwichtige Dinge, die einem nicht aus dem Kopf gehen, oder
eine innere Unruhe. Viele dieser Störungen haben nichts mit
Chronobiologie zu tun. Bei manchen liegt es nahe, dass ein
Leben gegen die inneren Rhythmen zumindest eine Teil-

schuld hat. Und ein paar Schlafkrankheiten sind ganz eindeutig auf eine Fehlsteuerung der inneren Uhr zurückzuführen.

Die Syndrome der vor- oder zurückverlagerten Schlafphasen sind hier die besten Beispiele. Die extremen Lerchen oder Eulen haben zwangsläufig Probleme, ihren eigenen, zu schnellen oder zu langsamen Rhythmus mit den äußeren Vorgaben abzustimmen. Als eine der Folgen werden sie entweder viel zu früh oder viel zu spät müde. Ohne Hilfe finden sie auf Dauer keinen gesunden Schlaf und können kein angepasstes Leben führen.

Verschobene Rhythmen sind jedoch nicht die einzige Ursache chronobiologisch erklärbarer Schlafkrankheiten. Manche Menschen haben keinen geregelten Schlaf, weil ihnen das innere Zeitgefühl insgesamt abhanden gekommen ist. Sie nicken tags wie nachts ein, mal für längere, mal für kürzere Zeit. Oder sie leiden an Insomnie, schlafen folglich so gut wie gar nicht mehr. Bei jungen Menschen sind solche Arrhythmien oft ein Indiz für Hirnerkrankungen. Sie werden nicht selten durch Tumore ausgelöst, die das Chronozentrum im Zwischenhirn angreifen. Schwingen andere Körperrhythmen aber weitgehend normal, kann auch eine direkte Schädigung des Schlafregulationszentrums schuld sein, das an einer anderen Stelle im Gehirn sitzt.

Ganz extrem ist das Rhythmus-Chaos bei Menschen mit Alzheimer-Syndrom. Diese Krankheit ist fast schon ein Modell dafür, was mit dem Schlaf von Menschen passiert, deren innere Uhr nahezu zerstört ist: Die krankheitsbedingte Nervenfunktionsstörung macht nämlich auch vor dem Suprachiasmatischen Kern nicht Halt, sodass der Schlaf zunehmend unruhig, zerstückelt und insgesamt weniger wird. Oft wachen die Betroffenen in der Abenddämmerung auf, sind verwirrt und schreien unkontrollierbar. Dass Alzheimer-Kranke auch nachts umsorgt werden müssen, gilt als einer der häufigsten Gründe dafür, warum sie so oft in Pflegeheime eingewiesen werden. Angehörige, die ihre Verwandten alleine betreuen, sind auf Dauer überfordert und können selbst kaum noch schlafen.

Bei Alzheimer-Patienten haben Ärzte nun sogar begonnen, das Rhythmus-Chaos gezielt mit Hilfe der Chronobiologie zu therapieren und ihnen wieder deutlichere Tageszeitsignale zu geben. Als besonders positiv hat sich der Einfluss von hellem Licht am Tag herausgestellt. Der Spandauer Altersmediziner Jürgen Stadt setzt diese Erkenntnisse bereits in die Praxis um: «In manchen Heimen hat man eine Lichtstärke von 50 Lux gemessen. Wenn die Patienten bei solch schummriger Beleuchtung den ganzen Tag bewegungslos im Zimmer vor sich hin dämmern, können sie ja keinen Schlaf-Wach-Rhythmus haben», sagte er 2003 auf der Jahrestagung der Deutschen Gesellschaft für Geriatrie in Berlin. Viele seiner Patienten schliefen deutlich besser, seitdem sie sich jeden Tag eine Zeit lang im Freien aufhielten und, wenn möglich, spazieren gingen.

Was den schwer Kranken hilft, nutzt indes auch den geringfügiger Betroffenen: Menschen mit Schlafproblemen sollten eigentlich immer ihre biologische Uhr pflegen, sagen Chronobiologen. Sie sollten ihren Tagesablauf klar strukturieren, der Uhr nachgeben, wo es nur geht, und sie mit eindeutigen Signalen versorgen – etwa mit hellem Licht, viel Bewegung und regelmäßigen Mahlzeiten am Tag und wenig Licht, Aktivität und Nahrungsaufnahme am späten Abend und in der Nacht.

Diese Tipps werden übrigens umso wichtiger, je älter wir werden. Etwa ab dem vierten Lebensjahrzehnt lässt die biologische Uhr allmählich nach. Die meisten Menschen schlummern dann weniger gut durch, ihr Schlaf wird kürzer und fragmentierter. Im hohen Alter tickt das Chronozentrum schließlich deutlich schwächer. Deshalb liegen alte Menschen nachts häufig für lange Zeit wach und schlafen dafür tagsüber ungewöhnlich oft und lange.

Mehrere Faktoren wirken dabei zusammen: Je gebrechlicher wir werden, desto seltener gehen wir nach draußen, desto schlechter arbeiten die Augen, und desto geringer wird der Einfluss des wichtigsten aller Zeitgeber, des Lichts. Die meisten Alten arbeiten nicht mehr, und viele haben zudem weniger Kontakte zu anderen Menschen, sodass auch die sozialen Zeitgeber wegfallen. Daneben verflachen mit den Jahren die Hormonschwankungen etwa des Schlafboten Melatonin, und die Chronozentrale arbeitet schlechter, weil ihr Nerven verloren gehen. 80-Jährige haben oft nur noch ein Zehntel des Melatonins im Blut wie junge Menschen.

Es ist vor allem der häufige Gang ans Tageslicht, der einer schwach gewordenen inneren Uhr hilft, sich wieder deutlicher an den natürlichen Hell-Dunkel-Zyklus anzupassen. Wem das Einschlafen dennoch nicht gelingt, sollte vielleicht einige der gängigen Maßnahmen zur Schlafhygiene beherzigen, um durch kaum geöffnete Einschlafpforten zu schlüpfen: das Schlafzimmer so gemütlich, ruhig und dunkel wie möglich einrichten, das Bett (fast) nur zum Schlafen nutzen, nicht zu lange wach liegen, sondern lieber aufstehen und eine Runde lesen, bis man wieder müde wird, tagsüber aktiver und sportlicher werden, abends möglichst verzichten auf sehr heiße oder kalte Bäder, Aufputschmittel wie Kaffee, Cola oder Schokolade, üppige Mahlzeiten, Alkohol und Zigaretten.

Die Erkenntnisse der Chronobiologie umsetzen heißt aber manchmal auch, den Schlafärzten zu widersprechen: Man soll am Wochenende den gleichen Rhythmus pflegen wie unter der Woche, behaupten fast alle Somnologen. Dann hätten nachtaktive, eulenhafte Menschen jedoch keine Chance, ihr unter der Woche aufgehäuftes Schlafdefizit abzubauen. Außerdem soll man abends keiner konzentrierten Arbeit nachgehen und auch keinen Sport treiben. Gerade dann sind die Eulen aber besonders leistungsfähig.

Auf einen ganz neuen Trick, die Einschlafpforten zu öffnen, kamen unlängst die Basler Schlafforscher um Anne Wirz-Justice. Sie wollten herausfinden, welches das zuverlässigste Einschlafsignal des Körpers ist: der Anstieg des Melatonins, der Abfall von Körpertemperatur und Puls oder die Zunahme des Schläfrigkeitsgefühls. Überraschenderweise ergab sich das beste Resultat für die Temperaturdifferenz zwischen Gliedmaßen und Rumpf. Je größer diese Differenz, desto mehr kühlt der Körper gerade ab, indem er Arme und Beine stark durchblutet. «Die zirkadiane Uhr startet das thermoregulatorische System der Gefäßerweiterung am frühen Abend, wenn die Schläfrigkeit zunimmt, kurz darauf sinkt die Körpertemperatur», beschreiben die Forscher den verblüffend simplen Einschlafmechanismus. Danach wäre nicht das Melatonin der eigentliche Schlafbote, sondern die spätabendliche physiologische Abkühlung.

Viele herkömmliche Schlafmittel und vielleicht sogar das

Melatonin wirken womöglich allein deshalb, weil sie die Durchblutung von Armen und Beinen fördern, glaubt Wirz-Justice. Ganz ohne Pharmazie könnte dann auch eine Wärmeflasche an den Füßen oder warme Socken den Übergang zum Schlaf beschleunigen. Denn auch diese Maßnahmen erweitern die Gefäße in den Extremitäten.

Heilen mit Licht

So gut die Idee, tagsüber im Freien Licht zu tanken, für die meisten Menschen ist – nicht jeder kann sie umsetzen. Bettlägerige Menschen kommen kaum nach draußen, viele Angestellte gehen im Winter im Dunkeln ins Büro, um es erst wieder nach Sonnenuntergang zu verlassen. Und wer nördlich des Polarkreises lebt, bekommt die Sonne im Winter wochenlang gar nicht zu Gesicht. Immerhin planen Architekten Krankenhäuser und Büros zunehmend mit großen Fenstern, die reichlich Tageslicht einlassen. Die Stärke der künstlichen Beleuchtung wird zusätzlich erhöht. Doch Tageslicht hat je nach Jahreszeit und Bewölkung 8000 bis 100 000 Lux. Elektrische Lampen bringen es im Normalfall gerade auf 100 Lux. In hellen Büros beträgt die Beleuchtungsstärke 500 bis 1000 Lux.

Was also tun, wenn der Zeitgeber Sonnenlicht Mangelware ist? Seit einigen Jahren haben Schlafforscher und Chronobiologen eine neue Behandlungsoption: die Lichttherapie. Dabei werden die Augen mit Hilfe spezieller Lampen zu geeigneter Zeit hell erleuchtet, was die biologische Uhr stabilisiert oder in die gewünschte Richtung verstellt. Die Lampen enthalten keine UV-Strahlen, damit sie die Netzhaut nicht schädigen. Ihre Stärke beträgt 2500 bis 10 000 Lux. Generell gilt: Je heller die Lampe, desto weniger lang muss man sich davor setzen, damit das Uhrwerk im Zwischenhirn reagiert. Zeitpunkt und Dauer der Therapie hängen von der zu behandelnden Rhythmusstörung ab.

Dass die Lichttherapie gestörte innere Rhythmen effektiv synchronisieren und verschieben kann, ist inzwischen bei Tieren wie bei Menschen oft gezeigt worden, weiß die Chronobiologin Patricia DeCoursey. In einigen Punkten bestehe jedoch Klärungsbedarf, etwa in der Frage nach der idealen Dosis, den besten Beleuchtungszeitpunkten, den unterschiedlichen Reaktionen verschiedener Menschen oder dem optimalen Spektralbereich der Lampen: «Noch wird es viele Jahre dauern, um effektive, zuverlässige und praktische Behandlungsstrategien für den Einsatz hellen Lichts zu entwickeln.» Viele andere Forscher sind weniger zurückhaltend. Ihrer Meinung nach hat die Lichttherapie keinerlei Nebenwirkungen, sie kann beliebig oft und lange durchgeführt werden und ist eindeutig erfolgreich.

Fest steht: Bei Schlafstörungen helfen die Lampen, indem sie verzögerte, beschleunigte oder abgeflachte Zyklen normalisieren. So bessert sich das zerhackte Aktivitätsmuster von Patienten mit Alzheimer-Syndrom durch ein tägliches Lichtbad mitunter gewaltig. Menschen mit dem Syndrom der vorverlagerten Schlafphasen, die immer zu früh müde werden, hilft ein abendliches Lichtbad zwischen 21 und 23 Uhr dabei, das Uhrwerk der Natur zurückzustellen. Extreme Eulen sollten sich dagegen morgens vor die Lampe setzen, um ihr Uhrwerk zu beschleunigen. Ärzte empfehlen, die Lampe bei der Arbeit so auf dem Schreibtisch zu platzieren, dass während des Telefonierens oder anderer Tätigkeiten Licht in die Augen fällt. Abends sollten sie eine helle Umgebung dagegen meiden.

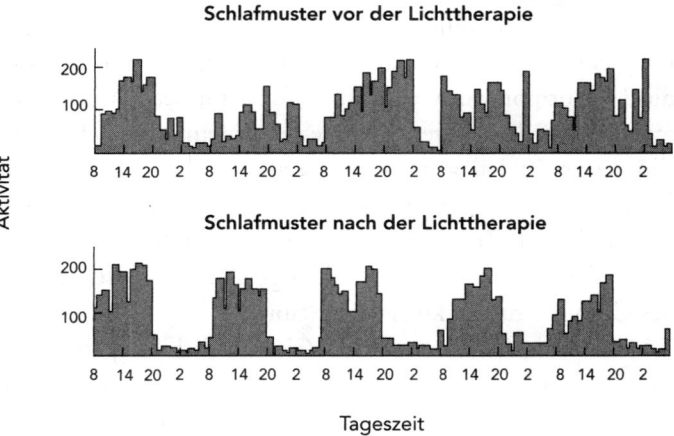

Mit Hilfe einer Lichttherapie kann sich das Aktivitätsmuster von Alzheimer-Patienten normalisieren.

Melatonin: eine Wunderdroge?

Doch Chronobiologen haben noch ein zweites Therapeutikum gefunden, das die innere Uhr als Zeitgeber beeinflusst und sie medizinisch sinnvoll verschieben kann: das in der Zirbeldrüse produzierte Hormon Melatonin, das vermutlich bei den meisten Wirbeltieren und dem Menschen als Nachtsignal dient. «Der zirkadiane Rhythmus der Melatonin-Sekretion könnte Teil eines Weges sein, über den der zirkadiane Taktgeber die zirkadianen Rhythmen der Schläfrigkeit, der Schlafstruktur und der Körpertemperatur antreibt», schreibt Anna Wirz-Justice mit Kollegen in einer 2003 publizierten Studie, die bisherige Resultate zusammenfasst.

Von dieser Erkenntnis profitierten bereits angeborene Langschläfer mit dem Syndrom der verzögerten Schlafphase, die das Hormon vier Wochen lang fünf Stunden vor dem Einschlafen erhielten. Ihre Rhythmen beschleunigten sich. Beim Einsatz gegen Jetlag hat sich Melatonin ebenfalls bewährt. Und für blinde Menschen mit einer zerstörten Netzhaut, bei denen Licht als Zeitgeber versagt, ist das spätabendlich verabreichte Hormon ein effektives Zeitsignal, das ein falsch gehendes Chronozentrum korrigieren kann.

Melatonin wird seit geraumer Zeit künstlich hergestellt und ist zum Beispiel in den USA, Polen und Singapur als frei verkäufliches Nahrungsergänzungsmittel erhältlich. Als solches wurde es nicht zuletzt deshalb eingestuft, weil es eine natürliche Verbindung ist, die in verschwindend geringen Mengen etwa auch in Tomaten vorkommt. Dennoch wird seine eigentliche Wirkung erst allmählich wissenschaftlich untersucht. Inzwischen weiß man, dass es das Einschlafen zwar erleichtert, dafür aber nicht unerlässlich ist: Tiere können auch nach Entfernung der Zirbeldrüse und folglich ohne Melatonin schlafen; Menschen, die tagsüber Melatonin nehmen, werden schläfrig, und ihre Körpertemperatur sinkt. Da dies zum Beispiel ein konzentriertes Autofahren unmöglich macht, darf man das Mittel immer nur kurz vor dem Schlafengehen nehmen.

Nicht halten konnte Melatonin hingegen, was sich viele

nach seiner Entdeckung versprachen: Der Stoff ist weder natürliches Schlafmittel für jedermann noch Wunderdroge zur Stabilisierung innerer Rhythmen. Als Zeitgeber wirkt er nicht so stark wie Licht. Und die meisten Menschen schlafen nicht deshalb schlecht, weil ihr Melatoninsystem gestört ist. Eine medikamentöse Gabe des Hormons kann nur dann gegen Schlafstörungen helfen, wenn tatsächlich nachts zu wenig Melatonin im Blut ist. Das ist vor allem bei alten Menschen und Alzheimer-Patienten – vorübergehend auch bei Menschen mit Jetlag – der Fall. In solchen Fällen macht die künstliche Zufuhr durchaus Sinn. Alexander Lerchl, Chronobiologe von der International University Bremen und Entwickler eines Speicheltests zur einfachen Analyse des Melatoninmangels, betont sogar, Melatonin solle nur dann eingesetzt werden, wenn ein Hormonmangel wirklich nachgewiesen ist.

Die meisten Experten halten sich mit Empfehlungen zum Melatonineinsatz zurück. Noch hat kein Pharmaunternehmen die toxikologischen und medizinischen Untersuchungen durchgeführt, die für die Zulassung als Medikament notwendig sind. Eine solche Medikamentenzulassung, die Risiken aufdecken und den Nutzen belegen soll, fordern aber die Behörden in den meisten Ländern, inklusive Deutschland. Dazu wird es jedoch vorerst nicht kommen: Als natürliche Substanz können die Pharmafirmen das Mittel nicht patentieren – und haben somit keine Chance, ihre erheblichen Investitionen für die notwendigen Studien zurückzubekommen.

Zudem ist die Substanz auf dem grauen Markt fast überall erhältlich. Wer sich darüber bedient, spielt jedoch auf Risiko. Bislang weiß man zwar «von keinen relevanten Nebenwirkungen, obwohl Millionen Amerikaner das Mittel täglich einnehmen», sagt Alexander Lerchl. Doch wer Melatonin nimmt, greift in sein Hormonsystem ein, und da ist Vorsicht geboten. Und: Bei einer Stichprobe sollen unlängst vier von sechs Melatoninprodukten aus Amerika mit unbekannten Bestandteilen verunreinigt gewesen sein.

Jetlag: Wenn der Tag zur Nacht wird

Heute Singapur, morgen Hawaii, übermorgen New York. Flugbegleiter und Piloten haben einen Traumberuf. Doch wer regelmäßig lange Flüge über mehrere Zeitzonen hinweg unternimmt, macht den Kampf gegen den Jetlag zum Alltag und gefährdet seine Gesundheit. Die Liste der möglichen Folgen ist lang: Tagsüber ist man müde, nachts kann man nicht schlafen. Es treten Verdauungsstörungen, Appetitlosigkeit und Völlegefühl auf, begleitet werden sie von Konzentrationsschwächen, Schwindelattacken, Übermüdung, Krankheitsanfälligkeit, Überreiztheit, Kopfschmerzen.

Der Neurobiologe Kwangwook Cho von der Universität in Bristol, Großbritannien, fand beim Flugpersonal internationaler Gesellschaften nicht nur verminderte Lern- und Gedächtnisleistungen sowie erhöhte Stresshormon-Werte. Er entdeckte auch, dass Teile des Gehirns geschrumpft waren. Diese Schäden traten allerdings nur dann auf, wenn die Vielflieger sich nach Reisen über mehr als sieben Zeitzonen hinweg regelmäßig nicht mehr als fünf Tage ausruhen durften. Personal mit zweiwöchigen Regenerationszeiten trug keine bleibenden Schäden davon.

Allen Menschen, die viel und weit über Breitengrade hinweg verreisen, sollten diese Ergebnisse zu denken geben. Denn das Problem Jetlag nimmt mit der Globalisierung weiter zu. Wichtige Sitzungen und Messen für Geschäftsleute finden immer häufiger auf der jeweils anderen Seite der Erde statt, Wissenschaftler von Pharmafirmen leiten Labors mit Mitarbeitern in Deutschland, USA und Japan, die alle regelmäßig besucht werden wollen, Forscher müssen auf Kongressen präsent sein, egal wo sie stattfinden.

Doch die Pendel in den Genen der Nervenzellen des Suprachiasmatischen Nukleus, die den innersten Zirkel der menschlichen Zeitmessung takten, lassen sich nicht beliebig und binnen kürzester Zeit verstellen wie eine Armbanduhr. Wer nach seiner Reise von Berlin nach Los Angeles konzentriert und mit reichlich Appetit an einem Geschäftsessen teilnehmen möchte, sollte sich darüber im Klaren sein, dass Körper, Stoffwechsel und Geist gerade am absoluten Tiefpunkt vor sich hin dümpeln, weil die innere Uhr schon neun Stunden weiter ist. Ähnlich geht es jemandem, der in Hongkong morgens einen Vortrag halten möchte: Seine physiologische Uhr hängt sieben Stunden zurück und signalisiert nichts als tiefes, ehrliches Ruhebedürfnis.

Wenn irgend möglich, sollte einige Tage früher anreisen, wer sich an die Zeitumstellung wenigstens etwas gewöhnen will. Junge Menschen ohne allgemeine Schlafprobleme stecken einen Jetlag recht schnell weg. Empfindliche Personen brauchen lange: Eine Faustregel sagt, dass für die komplette Eingewöhnung ebenso viele Tage nötig sind, wie die Uhr um Stunden verstellt wurde. Etwas schneller geht die Eingewöhnung für Westflieger: Sie müssen ihre Rhythmen verlangsamen, und das fällt den meisten Menschen leichter. Nur die seltenen, waschechten Frühaufsteher mögen es lieber, wenn sie der Sonne entgegenfliegen.

Es gibt unzählige Tricks zur Jetlag-Vorbeugung: Sich vor der Abreise bereits auf den zukünftigen Rhythmus zuzubewegen, etwa vor Ostreisen früher zu essen und zu Bett zu gehen, macht sicher Sinn. Es soll auch helfen, während des Flugs zu schlafen. Dann ist die Distanz zwischen dem letzten Schlaf in alter und dem ersten Schlaf in neuer Zeit kürzer, was den Jetlag verringert. Andere schwören dagegen darauf, möglichst lange wach zu bleiben – ein Verhalten, das das Einschlafen sicher erleichtert, aber die Rhythmen wohl kaum verstellt. Ähnlich steht es um den Einsatz von Schlafmitteln: Auch sie ermöglichen es, zur gewollten Zeit wegzuschlummern, verstellen die innere Uhr aber kein Stück.

Der Nachtbote Melatonin ist da anders: Wer ihn nach einer Fernreise als Einschlafhilfe nimmt, gleicht nicht nur den schlafhemmenden Mangel des Hormons aus, der daher rührt, dass seine Uhr nachts auf Tag steht, sondern verschiebt seine Uhr auch graduell in die richtige Richtung. Das bestätigt eine Übersichtsstudie des renommierten britischen Cochrane-Zentrums für evidenzbasierte Medizin, das es sich zur Aufgabe gemacht hat, wissenschaftliche Arbeiten auf ihre Stichhaltigkeit zu überprüfen: Andrew Herxheimer kam 2002 zu dem Schluss, dass Melatonin ein effektives Anti-Jetlag-Mittel sei. Acht von insgesamt zehn Studien, bei denen die Auswirkungen von Melatonin mit Placebogaben verglichen wurden, hatten eine deutliche Besserung bei Melatoninkonsum ergeben. Mindestens jeder Zweite profitierte, wenn er die ersten zwei bis vier Tage nach seiner Ankunft beim Zubettgehen zwei bis fünf Milligramm Melatonin nahm.

Eine andere Alternative ist es, die Wirkung des Lichts auf das Chronozentrum zu nutzen: Der Vortragsreisende in Hongkong sollte zumindest an den ersten zwei, drei Tagen morgens auf dem Weg zum Kongress eine Sonnenbrille aufsetzen, weil Licht, das er vor seinem inneren Tagestief registriert, die ohnehin verzögerte biologische Uhr zusätzlich verlangsamt. Ab Mittag gilt es jedoch, reichlich Licht zu tanken, um die Uhr vorzuverlagern. Der Geschäftsmann in Los Angeles braucht keine Sonnenbrille: Er sollte am Zielort tagsüber so viel ans Licht gehen wie möglich, später, wenn sich die eigene Uhr schon etwas zurückverlagert hat, vor allem am Nachmittag und Abend.

Findige Firmen bieten mittlerweile Schirmmützen mit eingebauten Lichttherapielampen an, die Jetlaggeplagten auch dann Helligkeit spenden, wenn sie nicht ins Helle können: im Flugzeug, am Arbeitsplatz oder – wenn hilfreich – nachts. So gibt es zum Beispiel eine «Jetlag-Bekämpfungs-Ausrüstung», die zusätzlich zur Lampe dunkle Augengläser, Akkus und Ladegerät enthält. Über das Internet kann man sich für jede beliebige Fernreise einen mehrtägigen Beleuchtungs- und Abdunkelungsplan erstellen.

Der Ärger mit der Sommerzeit

Die Moderne ist auch an der externen Zeit nicht spurlos vorübergegangen. Noch im 19. Jahrhundert hatte jede größere Stadt ihre eigene Zeit. Reisende mussten ihre Uhr nach der nächstbesten Kirchturmuhr stellen. Erst 1893 stellte das Deutsche Reich auf die einheitliche Mitteleuropäische Zeit um. Vor allem den Eisenbahnern war es zu kompliziert geworden, in 60 verschiedenen Zeitzonen zu arbeiten. Wer konnte schon pünktlich sein, wenn es gleichzeitig in Karlsruhe 12.04 Uhr, in Stuttgart 12.07 Uhr, in Berlin 12.24 Uhr und in Köln 11.58 Uhr war?

Im Ersten Weltkrieg setzte sich eine weitere Idee durch: die Sommerzeit. Als Erste waren es die Deutschen, die am 1. Mai 1916 ihre Uhren eine Stunde vorstellten. Das sollte Energie sparen und der kriegsgebeutelten Industrie helfen, das Tageslicht besser auszunutzen. Daher auch der noch heute gebräuchliche englische Name *daylight saving time*. Nach drei Jahren war der Spuk vorbei. Doch von 1940 bis 1949 wurden die Deutschen wieder von Frühjahr bis Herbst eine Stunde zeitlich vorverlagert. Im Jahr 1947 gab es sogar eine zusätzliche «Hochsommerzeit», zu der die Uhren zwei Stunden vorgingen. Die aktuelle Umstellungsmanie begann hierzulande 1980 als Folge der Ölkrise in den 1970er Jahren.

Doch allmählich werden die Stimmen der Kritiker lauter: Künstliches Licht verbrauche im Vergleich etwa zur industriellen Produktion so verschwindend wenig Energie, dass die Zeitumstellung keinen ökologischen oder wirtschaftlichen Nutzen mehr bringe. Im Gegenteil: Mehr, als abends eventuell an Licht gespart werde, verpuffe morgens durch zusätzliches Heizen.

Auch jenseits ökologischer Erwägungen überwiegen die negativen Folgen: «Aus England liegen Daten vor, die nachweisen, dass in den ersten beiden Tagen nach der Zeitumstellung vermehrt Verkehrsunfälle zu verzeichnen sind», berichtet

Chronopharmakologe Björn Lemmer. An den meisten Menschen geht die Zeitumstellung zwar mehr oder weniger spurlos vorbei, besonders empfindliche Personen brauchen aber zwei bis drei Tage, um den Mini-Jetlag wegzustecken. Zwölf Prozent mehr Menschen als sonst sollen nach einer Zeitumstellung eine Arztpraxis aufsuchen. Es werden mehr Schlafmittel und Antidepressiva verschrieben. Vor allem ältere Menschen und Kleinkinder scheinen Umstellungsprobleme zu haben. Obwohl die Umstellung nur eine Stunde beträgt, sind die Probleme recht groß. Anders als bei einer Flugreise über eine Zeitzone hinweg bekommt die innere Uhr kaum Anweisungen mitzuziehen. Wer seine Zeit verstellt und vor Ort bleibt, dessen äußere Signale ändern sich nicht.

Aus chronobiologischer Sicht ist für die Mehrheit der eulenhaften Menschen vor allem die Vorstellung der Uhr im Frühjahr ein Problem. Reichlich Aktivität und Sonnenbad am Samstag vor und am Sonntag nach der Zeitumstellung beschleunigen aber das Zeitgefühl und verringern so das schlechte Gefühl am Montagmorgen, wenn man eine Stunde zu früh aufstehen muss. Der 25-Stunden-Tag im Herbst, wenn die Uhr zurückgestellt wird, ist für die meisten Menschen eher ein Genuss. Und wer lerchenhaft ist und morgens ohnehin vor dem Wecker aufwacht, dem macht es auch nichts aus, noch eine Stunde früher wach zu sein.

Schichtarbeit: Wenn die Nacht zum Tag wird

Ginge es nach den Chronobiologen, gehörte die Schichtarbeit abgeschafft. Sie bringt zwangsläufig die innere Uhr durcheinander, was für viele Menschen eine enorme akute Belastung bedeutet. Doch damit nicht genug: Wer über Jahre hinweg immer wieder längere Zeit nachts arbeiten muss, bei dem leidet die Gesundheit oft nachhaltig. Chronische Folgekrankheiten verschwinden auch dann nicht mehr, wenn die Menschen schon lange keine Schichtarbeit mehr leisten.

Die britische Chronobiologin Shantha Rajaratnam warnt: «Die Kosten durch Schäden an der Volksgesundheit, die durch das Arbeiten außerhalb der Phasen unserer biologischen Uhren entstehen, sind gegenwärtig unkalkulierbar.» Ein Fünftel der Arbeitenden in einer modernen urbanen Gesellschaft sind außerhalb der üblichen Bürozeiten tätig. Kurzfristig gehe das auf Kosten der Arbeitsqualität und belaste zahllose Menschen mit Schlafstörungen, Magen- und Verdauungsproblemen, einem erhöhten Unfallrisiko und Konflikten im Umgang mit ihren Mitmenschen. Langfristig drohten Erkrankungen des Herz-Kreislauf-Systems und der Verdauungsorgane sowie eine Schwächung des Immunsystems, die anfällig für Infektionen mache. Was das bedeutet, darüber spekuliert die Forscherin auf der Basis von Tierversuchen: «Fliegen, die ihre Uhren unentwegt umstellen mussten, hatten eine deutlich verringerte Lebenserwartung.» Experimente mit Hamstern bestätigten dies. Das ernüchternde Fazit: Schichtarbeiter und andere Menschen, die zumeist dann arbeiten, wenn ihre Uhr Ruhe diktiert, wagen freiwillig oder unfreiwillig einen unkontrollierten Selbstversuch mit fragwürdigem Ausgang.

Besonders belastend seien Wechselschichten, die bei 19 von 20 Betroffenen Schlafstörungen auslösten, weiß Jürgen Zulley. Selbst wer dauerhaft nachts arbeitet und damit etwas mehr Ruhe in sein chronologisches System bringen kann, leidet mit einer Wahrscheinlichkeit von 55 Prozent an einem gestörten Schlaf. Doch nicht nur der Schlafrhythmus ist betroffen, was zahlreiche Studien aus aller Welt dokumentieren: Vier von fünf Nachtarbeitern klagen über Magenbeschwerden, innere Unruhe, Nervosität oder vorzeitige Ermüdung. Für Schichtarbeiter ist das Herzkrankheitsrisiko um 40 Prozent erhöht. Die Bluthochdruckgefahr steigt um Faktor vier. Frauen haben oft Zyklusstörungen. Das Risiko von Frühgeburten steigt. U-Boot-Matrosen, die während ihrer Einsätze einen künstlichen 18-Stunden-Tag leben müssen, klagen oft über chronischen Schlafmangel und, und, und ...

Weil Chronobiologen die Schichtarbeit nicht abschaffen können, entwickeln sie jetzt Gegenmaßnahmen: Seit wenigen Jahren werden ehemalige Schichtarbeiter, deren Rhythmen nicht mehr mit dem äußeren Tag synchron laufen, mit Lichttherapie oder Melatoningaben behandelt. Noch sprechen Forscher vom Experimentierstadium, aber sie verzeichnen erste Erfolge. So lassen Schlafstörungen teilweise nach. Wie schon bei Alzheimer-Patienten beschrieben, scheinen sich die krankhaft veränderten physiologischen Zeitmesser ein Stück weit zu regenerieren.

Ein zweiter Schwerpunkt liegt auf dem Versuch, die Schichtarbeit selbst so verträglich wie möglich zu gestalten. Das soll direkt helfen und den Spätfolgen vorbeugen. 2003 testete Till Roenneberg mit Arbeitsmedizinern von Volkswagen, welchen Einfluss helles Kunstlicht am nächtlichen Arbeitsplatz auf das Wohlbefinden und die innere Uhr von 50 Schichtarbeitern hatte. Erste Resultate stimmen zuversichtlich: Die Probanden fühlten sich konzentrierter und ausgeruhter als eine Vergleichsgruppe, die unter normalen Lichtbedingungen arbeitete. Die Wirkung der Helligkeit macht chronobiologisch Sinn: Licht, das die Netzhaut vor dem absoluten Tiefpunkt der Körpertemperatur zwischen vier und sechs Uhr nachts registriert, verzögert die Uhr ein wenig und schiebt das Leistungstief hinaus.

Eine deutliche Umstellung der inneren Uhr ist allerdings nicht erwünscht. Die Schichtwechsel sollten schnell erfolgen, spätestens nach drei Tagen, weiß Schlafforscher Zulley: «So lange versucht das zirkadiane System gar nicht erst, sich umzustellen.» Und wenn das System sich nicht verstellt, leidet es auch nicht, weshalb man problemlos hin und wieder eine Nacht durchmachen kann.

Moderne Schichtpläne berücksichtigen diese Faktoren: Sie lassen Menschen immer nur wenige Tage hintereinander zur gleichen Zeit arbeiten und rotieren von früh über spät nach nachts und nicht umgekehrt. Den Schichtarbeitern ergeht es dann wie Piloten, die immer wieder westwärts um den Globus fliegen. Sie müssen ihre Rhythmen verlangsamen und nicht beschleunigen – was bekanntlich den meisten Menschen leichter fällt. Aus dem gleichen Grund kommen Eulen mit Nachtschichten besser zurecht als Lerchen. Ihr absolutes Leistungstief kommt erst spät, und sie schlafen oft auch morgens noch recht gut ein und durch.

Dennoch opfern auch sie immer wieder ihren Schlaf, um möglichst lange mit Freunden oder ihrer Familie zusammen zu sein. Es ist eines der größten Probleme von Schichtarbeitern, dass – chronobiologisch betrachtet – ihre sozialen Zeitgeber auseinander driften. Ihre Scheidungsrate ist sicher nicht grundlos erhöht. Nur in der Theorie lässt sich deshalb das Horrorszenario eines Menschen durchspielen, der seine physiologischen Rhythmen vollständig der Nachtarbeit anpasst, indem er den Tag zur Nacht und die Nacht zum Tag werden lässt: Er würde nachts bei möglichst heller Beleuchtung arbeiten, mit Lichttherapielampen nachhelfen, tags dunkle Sonnenbrillen tragen und jegliches Licht meiden. Die Hauptmahlzeiten würde er abends, um Mitternacht und morgens einnehmen, um tagsüber zu schlafen. Freunde – geschweige denn Familie – hätte er vermutlich keine.

Krank durch unkoordinierte Zyklen

Bei manchen der mutigen Testpersonen im Andechser Bunker registrierten Chronoforscher sie zum ersten Mal: die interne Desynchronisation der Rhythmen. Nach etwa zwei Wochen änderte sich das Zeitgefühl der isolierten Personen. Sie gingen plötzlich nur noch alle 30 oder mehr Stunden zu Bett, obwohl ihre Körpertemperatur und vermutlich viele der anderen physiologischen Tageszyklen den annähernden 24-Stunden-Rhythmus fortsetzten. Die verschiedenen Uhren waren entkoppelt und tickten unabhängig vor sich hin. Dadurch passierte in regelmäßigen Abständen etwas, was man sonst nur von Jetlags oder Nachtarbeit kennt: Die Probanden wollten aktiv sein, wenn ihr Körper gerade auf Ruhe und Erholung gepolt war.

Vielleicht weil sie unbewusst merkten, dass irgendwas mit ihnen nicht stimmte, vielleicht auch nur, weil ihr Körper nicht so leistungsfähig war wie sonst, waren desynchronisierte

Bunkerbewohner an solchen Tagen nicht gut drauf. Wenn einige Tage später das körperliche Temperaturtief wieder in die Nachtzeit fiel, hatten sie dagegen beste Laune.

Ein solches Verhalten – in regelmäßigen Zeitabständen mal himmelhoch jauchzend, mal zu Tode betrübt zu sein – kennzeichnet auch viele manisch depressive Menschen. Tatsächlich konnten Forscher feststellen, dass bei diesen Patienten die inneren Rhythmen schlecht aneinander gekoppelt sind. Bei einer Frau, die alle 42 Tage eine manische und eine depressive Phase durchmachte, verschob sich in dieser Zeit der Körpertemperaturzyklus um etwa fünf Stunden vor und zurück. Solange die Temperatur-Uhr zu schnell lief, ging es der Patientin gut, bis offenbar ein kritischer Wert erreicht war, an dem das tägliche Temperaturminimum zu früh einsetzte. Schlagartig begann die depressive Phase, und der Temperaturzyklus verlangsamte sich. Die Schwermut hielt so lange an, bis das Temperaturtief wieder weit in die Nacht gerückt war. Schon kippte das Verhältnis der Rhythmen erneut, und die nächste manische Phase begann.

Psychophysiologe Alfred Meier-Koll sieht nicht nur bei solchen, als zyklothym bezeichneten Störungen die Ursache in schlecht koordinierten Zyklen, sondern auch bei dauerhaften Depressionen. In diesen Fällen ist die Temperatur-Uhr ständig etwas vorverlagert, der Körper erreicht sein Minimum zu früh, was sich auch in einer veränderten Schlafarchitektur äußert: Viele REM-Phasen treten zu Beginn und wenige gegen Ende des Schlafes auf.

Obwohl diese Phänomene schon seit langem bekannt sind, ist noch immer nicht belegt, ob Depressionen tatsächlich von den falsch abgestimmten Rhythmen ausgelöst werden oder ob umgekehrt die Fehler der biologischen Uhr eine Folge der Krankheit sind. Die Wahrheit liegt vermutlich in der Mitte: Eine echte Depression ist zweifellos eine ernste Krankheit, deren Auftreten durch eine Vielzahl von Faktoren begünstigt wird. Falsch getaktete Uhren im Körper scheinen einer dieser Faktoren zu sein. Dafür spricht, dass bei etwa einem Drittel der Depressionen die Symptome in ziemlich regelmäßigen Zeitabschnitten wiederkehren.

Dass die Stimmung den inneren Uhren folgt, ist bekannt: Auch gesunde Menschen fühlen sich morgens meist am schlechtesten, und die Laune steigt im Tagesverlauf kontinuierlich an. Viele Menschen fühlen sich zudem im Winter nicht so gut wie im Sommer, weil ihr innerer Kalender sie – ähnlich wie bei Tieren, die ein Winterfell bekommen oder in Winterschlaf fallen – auf eine Art Wintermodus stellt. Dazu gehören ein gesteigerter Appetit, eine abgesenkte Aktivität, ein erhöhtes Schlafbedürfnis, ein verringerter Antrieb und ein gewisser Hang zu schlechter Laune. Alles zusammen lässt viele Menschen Winterspeck ansetzen und löst bei etwa jedem zehnten Mittel- und Nordeuropäer den Winterblues aus.

Jeder 50. scheint besonders sensibel auf die dunkle Jahreszeit zu reagieren und fällt vom Spätherbst bis ins Frühjahr hinein in eine tiefe, so genannte Winterdepression, das *Seasonal Affective Disorder* SAD. Auch bei dieser Krankheit ist noch unklar, woher sie letztlich stammt: Bei vielen SAD-Patienten sind die Hormon- und Körpertemperaturrhythmen im Winter leicht verzögert. Oft sind sie auch unnatürlich schwach ausgeprägt, was vermutlich daher kommt, dass sie schlecht aufeinander abgestimmt sind und sich zum Teil gegenseitig hemmen. Eine weitere These besagt, dass die langen Winternächte den Abbau des nachts erzeugten Melatonins verzögern, was neben einer Verlangsamung des Hormonrhythmus zu einem Mangel des Folgeprodukts Serotonin führt – und das sorgt als «Glücksbote» im Hirn nun mal für gute Laune.

Unbestritten ist mittlerweile, dass Winterblues und -depression vor allem durch Lichtmangel ausgelöst werden: Durchschnittliche SAD-Kranke gehen im Winter weniger oft ans Tageslicht als gesunde Menschen, und die Krankheit wird umso häufiger, je weiter im Norden man nach ihr sucht, je kürzer also die Wintertage sind. Für diese Lichtmangelthese spricht auch der nachgewiesen positive Effekt von Lichttherapien, sei es durch helle Kunstlichtlampen, den täglichen Gang nach draußen, eine Skireise oder einen Kuraufenthalt im Süden.

Depressionen sind wahrscheinlich die am besten untersuchten allgemeinen Leiden, die mit falsch gehenden biologischen Uhren einhergehen. Seit neuestem gerät aber auch ein anderes Krankheitsbild in den Fokus der Chronobiologen: das zumindest in westlichen Ländern bedrohlich zunehmende Metabolische Syndrom. Bei ihm laufen mehrere wichtige Stoffwechselvorgänge zugleich aus dem Ruder, sodass ein gefährliches Gemisch aus erhöhten Risikofaktoren und echten Krankheiten entsteht: Blutdruck und Blutzuckerspiegel sind zu hoch, Betroffene werden übergewichtig, bekommen oft schon früh Altersdiabetes, neigen zu Herzkrankheiten und krankhaftem Schnarchen mit Atempausen. Weil es meist nicht ausreicht oder gar nicht erst gelingt, jedes der Symptome für sich zu therapieren, schufen Ärzte den neuen Begriff und suchen seitdem fieberhaft nach der tiefer liegenden, gemeinsamen Ursache des Symptomkomplexes.

Allein in den USA sollen 47 Millionen Menschen am metabolischen Syndrom leiden, etwa ein Sechstel der registrierten Einwohner. Die Hinweise verdichten sich, dass das Verbindende zwischen den vielen Facetten der Krankheit eine Störung der zeitlich organisierten Stoffwechselkontrolle im Zwischenhirn ist – und dass daran auch eine Reihe durcheinander geratener innerer Rhythmen beteiligt sind. Offenbar hat der Körper Probleme, Phasen der Ruhe und Energiespeicherung und Zeiten der Aktivität und Nahrungsaufnahme auseinander zu halten, so das Fazit eines Forschungsteams um Ruud Buijs vom niederländischen Institut für Hirnforschung in Amsterdam.

Die Wissenschaftler sehen deshalb nicht nur in der Erkennung mancher Rhythmusstörungen einen guten Ansatz zur frühen Diagnostik des Syndroms. Sie glauben auch, die gefährliche Krankheit neben Anweisungen zu mehr Aktivität und einer kalorienreduzierten Ernährung mit chronobiologischen Therapien kurieren zu können. Bei Diabetikern und Herzkranken wurden abgeflachte Melatoninrhythmen gemessen. Die Gabe des Hormons könnte Menschen mit Bluthochdruck vermutlich helfen, den gestörten Zyklus zu normalisieren, schrieben sie im Jahr 2003.

Anfang 2004 publizierten Buijs und Kollegen Resultate einer Pilotstudie, bei der 16 Männer mit Bluthochdruck drei Wochen lang eine Stunde vor dem Schlafengehen 2,5 Milligramm Melatonin oder ein Placebo einnahmen. Die Testpersonen reagierten sehr unterschiedlich auf das Melatonin, im

Durchschnitt sank ihr Blutdruck aber während des Schlafs in etwa so stark wie unter dem Einfluss eines üblichen Medikaments. Dadurch verstärkte sich die tageszyklische Blutdruckschwankung, die für Herz und Kreislauf so wichtig ist, beim niedrigen, so genannten diastolischen Blutdruckwert um ein Viertel, beim hohen, systolischen Wert um 15 Prozent.

Ins Bild passen auch Beobachtungen, die Kardiologen aus Houston, USA, machten. Sie entdeckten bei zuckerkranken Ratten deutliche Veränderungen der inneren Uhr des Herzmuskels. Offenbar kontrolliere das blutzuckersenkende Hormon Insulin direkt oder indirekt als Zeitgeber das Uhrwerk der Herzzellen, folgerten die Forscher. Kein Wunder also, dass Herzversagen die häufigste Todesursache von Menschen mit Diabetes ist.

Doch nicht nur das Gefüge der Stoffwechselrhythmen, auch die Hormonuhr kann aus dem Takt geraten. Das ist die Basis einer neuen These über die Entstehung von Brustkrebs: Die Zahl der Tumorerkrankungen nehme seit einigen Jahrzehnten deshalb so dramatisch zu, weil sich immer mehr Menschen bis tief in die Nacht in beleuchteten Räumen aufhielten, vermutet etwa die Epidemiologin Eva Schernhammer von der Harvard Medical School in Boston, USA.

Zwischen spätem Abend und frühem Morgen, wenn die Zirbeldrüse per Melatonin Nacht signalisieren sollte, hemmt schon wenig künstliches Licht, das anhaltend über geöffnete Augen auf die Netzhaut fällt, die Melatoninproduktion in der Zirbeldrüse. Passiert dies ständig, sinkt der Melatoninspiegel nachhaltig, was wiederum den Spiegel des weiblichen Geschlechtshormons Östrogen ansteigen lässt, so Scherhammer.

Östrogen spielt aber eine wichtige Rolle bei der Entstehung von Brustkrebs.

Eine Reihe von Indizien sprechen für die Lichtthese: So haben blinde Frauen, denen nächtliches Licht nichts anhaben kann, vergleichsweise selten Brustkrebs. Frauen, die häufig Schichtarbeit leisten müssen und deshalb nachts besonders viel Licht abbekommen, erkranken dagegen überdurchschnittlich häufig. Der Chronomediziner George Brainard von der Universität in Philadelphia, USA, rät aber vorerst zur Zurückhaltung: Vom US-Fernsehsender ABC gefragt, ob man Menschen raten solle, nachts das Licht zu meiden, antwortete er im Oktober 2003: «Ich denke, dafür ist es zu früh. Aber es erscheint sinnvoll, das Thema aggressiv zu erforschen, um zu verstehen, was genau vor sich geht.» Wer nachts arbeiten muss, könnte zum Beispiel darauf achten, möglichst warmes Licht einzusetzen, das wenig Blaulicht-Anteile enthält. Diese hemmen das Melatonin bekanntlich am effektivsten. Sollten sich die Hinweise eines Tages bestätigen, müssen Chronobiologen jedenfalls ihre Idee überdenken, Schichtarbeiter mit hellem Licht zu therapieren.

Weitaus besser belegt ist die Mitwirkung der biologischen Uhr, wenn es um den Cluster-Kopfschmerz geht. Er heißt so, weil die bohrenden Schmerzen vor allem in einem kleinen Bereich mit Sitz hinter dem Auge auftreten. Mit gewöhnlichem Kopfweh sind sie kaum zu vergleichen. «Cluster-Kopfschmerz gehört zu den schlimmsten Schmerzen, unter denen Menschen leiden können», sagt der Regensburger Neurologe Arne May. Im Jahr 2001 entdeckte er mit Kollegen aus Großbritannien, dass immer, wenn die Attacken auftreten, die Nerven des Suprachiasmatischen Nukleus besonders aktiv sind. Offenbar ist eine Fehlfunktion des Chronozentrums direkt verantwortlich für das seltene Leiden, an dem vier von 10 000 Menschen erkranken.

Zukünftig dürften Mediziner in einer falsch arbeitenden inneren Uhr die Ursache für noch eine Reihe weiterer rätselhafter Störungen finden. Besonders hellhörig sollte sie machen, wenn die Symptome periodisch wiederkehren. So kam auch Arne May nur deshalb auf die Idee, den Auslöser des Cluster-Schmerzes im Chronozentrum zu suchen, weil die Anfälle extrem regelmäßig auftreten: vor allem im Frühjahr oder Herbst und dann über mehrere Wochen hinweg bis zu achtmal am Tag für zwei Stunden.

Die Suche nach dem Gleichgewicht

Wer Cluster-Kopfschmerz hat, wird über das modische Lamentieren der meisten Mitbürger nur müde lächeln können: Die beschleunigte Gesellschaft raube ihnen das Gleichgewicht, sagen viele. Ihre innere Uhr könne nicht mehr mithalten. Sie seien dauerhaft gestresst, könnten sich immer seltener auf Wesentliches konzentrieren, fühlten sich ausgebrannt und fänden zu wenig Schlaf. Es ist schwer einzuschätzen, wie viele dieser Klagen berechtigt sind und wie sehr eine Störung biologischer Rhythmen für sie verantwortlich ist.

Fest steht jedoch: Die Anforderungen der 24-Stunden-Gesellschaft überfordern immer mehr Menschen. Dass gerade Ältere, deren biologische Uhren aus natürlichen Gründen weniger gut arbeiten, besonders häufig klagen, mag ein Indiz dafür sein, dass es tatsächlich unsere zellulären Zeitmesser sind, denen wir zu viel zumuten.

Doch was tun? Die äußere physikalische Zeit einfach ignorieren und den Tag wie der Schweizer Uhrenfabrikant Marc Hayek in tausend gleich lange «Beats» einteilen, die als Internet-Zeit unabhängig von irgendwelchen Zeitzonen auf dem ganzen Globus gleichermaßen gelten, dürfte alles nur noch schlimmer machen. Manche E-Mail-Korrespondenz mag es erleichtern, wenn alle Computer identisch ticken. Doch der Mensch ist keine Maschine: Wenn er zwischen Europa und Fidschi nicht mal mehr die Uhr verstellen muss, weil sie hier wie dort Beat 500 anzeigt, obwohl es einmal Mittag, einmal Mitternacht ist, dürfte das letzte Stückchen Rücksicht auf das körperliche Zeitgefühl verloren gehen. Dabei ist es genau das, was helfen kann: Wer glaubt, dass seine Uhr aus dem Takt geraten sei und er deshalb an zu starken Stimmungsschwankungen oder Schlafstörungen leide, sollte von der Chronobiologie lernen und sich an das Uhrwerk der Natur erinnern.

Niemand braucht sich deshalb gleich eine Speziallampe zu kaufen oder Melatonin zu bestellen. Eine der erfolgreichsten chronomedizinischen Maßnahmen ist die Verhaltenstherapie: soziale und körperliche Aktivitäten tags erhöhen, viel nach draußen gehen, regelmäßig und vor allem tags essen, nachts wenig unternehmen und zumindest bei Schlafstörungen nur nachts schlafen. Vielleicht gerade weil sie so banal erscheinen, können diese Maßnahmen wohl tatsächlich helfen.

Dank

Für Chronobiologen ist der Faktor Zeit Tagesgeschäft. Doch wer hätte gedacht, dass sie so flink sind? Meine E-Mails, haufenweise über das Internet verschickt mit der Bitte um die Zusendung aktueller Publikationen, wurden fast ausnahmslos verblüffend zügig beantwortet. Meist kamen die Antworten am gleichen Tag, egal ob die Absender in Japan, Frankreich oder den USA lebten. Sie enthielten oft gute Wünsche für das Gelingen meines Buchs, und als Anhängsel transportierten sie PDF-Dokumente, die ich sofort ausdrucken und lesen konnte. Wer keine PDFs hatte, steckte Sonderdrucke in einen Umschlag und schickte sie mir zu.

So bekam ich zum ersten Mal in meinem Leben einen großen Brief aus Indien – danke, Maroli Chandrashekaran. Ich durfte eine Doktorarbeit aus den Niederlanden als einer der Ersten nach den Gutachtern lesen – danke, Barbara Biemans. Und ich erfuhr haarklein, was die Arbeitsgruppe um den weltweit ersten Professor für Chronobiologie antreibt – danke, Till Roenneberg, der auch einige Zeit damit verbracht haben dürfte, all die Absätze zu überfliegen, in denen ich auf seine Arbeit eingehe und ihn zitiere. Einer schaffte es sogar, binnen weniger Stunden zunächst ein paar Fragen zu beantworten und dann noch das Kapitel, in das ich die Antworten eingearbeitet hatte, zu lesen – danke, Alexander Lerchl.

Diese vier Forscher sollen hier stellvertretend für alle genannt werden, die mir mit ihren Ideen, ihrer Zeit und ihrer Auskunftsbereitschaft geholfen haben. Ohne sie hätte ich dieses Buch schwerlich schreiben können.

Anhang

Literatur

ABC-TV: «Light pollution». 16. 10. 2003. www.abc.net.au/ catalyst/storys/s968291 (Zugriff: 20. 10. 2003).

Abdulla, S.: «Wake me up before you go go». *Nat. Sc. Update* 1999. www.nature.com/nsu/990114/990114-1 (Zugriff: 17. 11. 2003).

Abromeit, L.: «Hochzeit im Silberlicht». *Geo Special* 6 (2003), S. 86–89.

Baier, G.: *Rhythmus*. Rowohlt, Reinbek 2001.

Barinaga, M.: «How the brain's clock gets daily enlightenment». *Science* 295 (2002), S. 955–957.

Barnes, J. W., et al.: «Requirement of mammalian *timeless* for circadian rhythmicity». *Science* 302 (2003), S. 439–442.

Bendl, H.: «Schleiertanz der Seelen». *Süddeutsche Zeitung* 277, 2. 12. 2003, S. V2/5.

Berson, D. M., et al.: «Phototransduction by retinal ganglion cells that set the circadian clock». *Science* 295 (2002), S. 1070–1073.

Biemans, B.: *A time to remember*. Proefschrift ter verkrijging van het doctoraat. Rijksuniversiteit Groningen 2003.

Brendler, M.: «Der Weltrekord in Lebensverlängerung». *Süddeutsche Zeitung* 259, 11. 11. 2003, S. 8.

Buijs, R. M., Kalsbeck, A.: «Hypothalamic integration of central and peripheral clocks». *Nat. Rev. Neurosc.* 2 (2001), S. 521–526.

Buijs, R. M., et al.: «The biological clock tunes the organs of the body: timing by hormones and the autonomic nervous system». *J. Endocrinol.* 177 (2003), S. 17–26.

Cajochen, C., et al.: «Role of melatonin in the regulation of human circadian rhythms and sleep». *J. Neuroendocrinol.* 15 (2003), S. 432–437.

Carré, I. A.: «Day-length perception and the photoperiodic regulation of flowering». *Arabidopsis. J. Biol. Rhythm.* 16 (2001), S. 416–424.

Chandrashekaran, M. K.: «Circadian rhythms, menstrual cycles and time sense in humans under social isolation». In: T. Hirsohige, K. Honma (Hg.): *Evolution of circadian clocks.* Hokkaido University Press, Sapporo 1994.

Chandrashekaran, M. K.: «Jürgen Aschoff – An obituary». *J. Ind. Inst. Sc.* 75 (1998), S. 1420.

Cheour, M., et al.: «Speech sounds learned by sleeping newborns». *Nature* 415 (2002), S. 599–600.

Cooley, J., Marshall, D.: Periodical cicada page. www.ummz.lsa.umich.edu/magicicada/Periodical/Index (Zugriff: 27. 10. 2003).

Coudert, B., et al.: «It is time for chronotherapy!» *Pathol. Biol. (Paris)* 51 (2003), S. 197–200.

Cummings, D. E., et al.: «A preprandial rise in plasma ghrelin levels suggests a role in meal initiation in humans». *Diabetes* 50 (2001), S. 1714–1719.

Damiola, F., et al.: «Restricted feeding uncouples circadian oscillators in peripheral tissues from the central pacemaker in the suprachiasmatic nucleus». *Genes & Developm.* 14 (2000), S. 2950–2961.

Daan, S., et al.: «Assembling a clock for all seasons: Are there M and E oscillators in the genes?» *J. Biol. Rhythm.* 16 (2001), S. 105–116.

Dave, A., Margoliash, D.: «Song replay during sleep and computational rules for sensorimotor vocal learning». *Science* 290 (2000), S. 812–816.

Dawson, A., et al.: «Photoperiodic control of seasonality in birds». *J. Biol. Rhythm.* 16 (2001), S. 365–380.

Dement, C., Vaughan, C.: *Der Schlaf und unsere Gesundheit.* Limes, München 2000.

dpa: «Forscher beweisen: Problemlösungen im Schlaf gibt es wirklich». 21. 1. 2004.

Dudley, C., et al.: «Altered patterns of sleep and behavioral adaptability in NPAS2-deficient mice». *Science* 301 (2003), S. 379–383.

Dunlap, J. C.: «Molecular bases for circadian clocks». *Cell 96* (1999), S. 271–290.

Dunlap, J. C., Loros, J. J., DeCoursey, P. J.: *Chronobiology: biological timekeeping.* Sinauer, Sunderland 2004.

Epping, B.: «Weg mit dem Wecker». www.wissenschaft.de/ sixcms/detail.php?id=173015 (Zugriff 13. 8. 2003).

Erigucchi, M., et al.: «Chronotherapy for cancer». *Biomed. Pharmacother.* 57 (2003), 92s–95s.

Fenn, K. M., et al.: «Consolidation during sleep of perceptual learning of spoken language». *Nature* 425 (2003), S. 614 bis 616.

Froy, O., et al.: «Illuminating the circadian clock in monarch butterfly migration». *Science* 300 (2003), S. 1303–1305.

Gais, S., et al.: «Early sleep triggers memory for early visual discrimination skills». *Nat. Neurosc.* 3 (2000), S. 1335 bis 1339.

Gais, S., Born, J.: «Low acetylcholine during slow-wave sleep is critical for declerative memory consolidation». *Proc. Natl. Acad. Sc.* USA 101 (2004), S. 2140–2144.

Geiger, S.: «Die Deutschen sind ein müdes Volk». *Frankfurter Allgemeine Zeitung* 169 (2002), S. 7.

Genz, H.: *Wie die Zeit in die Welt kam.* Rowohlt, Reinbek 1999.

Gesellschaft für Biochemie und Molekularbiologie: 54. Mosbacher Kolloquium. Abstract booklet. GBM 2003.

Green, C. B., Menaker, M.: «Clocks on the brain». *Science* 301 (2003), S. 319–320.

gün: «Viel Licht am Tag fördert Nachtschlaf bei Demenz». *Ärzte Zeitung*, 25. 11. 2003.

Gwinner, E.: «Circannual clocks in avian reproduction and migration». *Ibis* 138 (1996), S. 47–63.

Gwinner, E.: «Bird migration: Its control by endogenous clocks». In: D. Baltimore et al. (Hg.): *Frontiers of life.* Vol. 4: *The living world.* Academic Press, New York 2001.

Halter, H., von Bredow, R.: «Der (fast) unsterbliche Mensch». *Der Spiegel* 17 (2000), S. 159–180.

Harbig, C.: Länge eines Gens unterscheidet Frühaufsteher und Morgenmuffel. www.wissenschaft.de/wissen/news/214926 (Zugriff 13. 8. 2003).

Hastings, M. H.: «Circadian clockwork: Two loops are better than one». *Nat. Rev. Neurosc.* 1 (2000), S. 143–146.

Hastings, M. H.: «Circadian clocks: Self-assembling oscillators?» *Current Biol.* 13 (2003), S. R681–R682.

Hastings, M. H., et al.: «A clockwork web: Circadian timing in brain and periphery, in health and disease». *Nat. Rev. Neurosc.* 4 (2003), S. 649–661.

Hattar, S., et al.: «Melanopsin and rod-cone photoreceptive systems account for all major accessory visual functions in mice». *Nature* 424 (2003), S. 75–81.

Hayama, R.: «Adaptation of photoperiodic control pathways produces short-day flowering in rice». *Nature* 422 (2003), S. 719–722.

Herxheimer, A., Waterhouse, J.: «The prevention and treatment of jet lag». *British Med. J.* 326 (2003), S. 296 bis 297.

Inbar: How can bamboo flowering be predicted? www.inbar.int/faq (Zugriff 17. 11. 2003).

Iwasaki, H., Kondo, T.: «The current state and problems of circadian clock studies in cyanobacteria». *Plant Cell Physiol.* 41 (2000), S. 1013–1020.

Käppler-Hanno, K., Pöhlig, A.: «Wie das Licht heilen kann». *Hamburger Abendblatt*, 3./4. 1. 2004, S. 28.

Klärner, D.: «Gefrieren ohne zu erfrieren». *Frankfurter Allgemeine Zeitung* 269 (2003), S. N2.

Klarreich, E.: «Cicadas appear in their prime». *Nature science update,* 23. 07. 2001. www.nature.com/nsu/010726/010726-3 (Zugriff 17. 11. 2003).

Kmita, M., Duboule, D.: «Organizing axes in time and space; 25 years of colinear Tinkering». *Science* 301 (2003), S. 331 bis 333.

Kräuchi, K., et al.: «Warm feet promote the rapid onset of sleep». *Nature* 401 (1999), S. 36–37.

Kramer, A., et al.: «Regulation of daily locomotor activity and sleep by hypothalamic EGF receptor signaling». *Science* 294 (2001), S. 2511–2515.

Kreier, F., et al.: «Central nervous determination of food storage – a daily switch from conservation to expenditure: implications for the metabolic syndrome». *Europ. J. Pharmacol.* 480 (2003), S. 51–65.

Lavie, P.: *Die wundersame Welt des Schlafes.* dtv, München 1999.

Lehnen-Beyel, I.: Ein Gläschen am Mittag kann schon zu viel sein. www.wissenschaft.de/wissen/news/226024 (Zugriff: 21. 8. 2003).

Lehnen-Beyel, I.: Neu entdecktes Hormon lässt Vögel bei Gesang an Sex denken. www.wissenschaft.de/wissen/news/232192 (Zugriff 19. 11. 2003).

Lemmer, B. (Hg.): «From the biological clock to chronopharmacology». Medpharm Scientific Publishers, Stuttgart 1996.

Lemmer, B.: «Umstellung der Sommerzeit – Auswirkungen auf die Innere Uhr?» *Informationsdienst Wissenschaft*, 26. 10. 2000.

Lindner, M.: «Lehrreicher Schlummer». *Bild der Wissenschaft* 4/2003, S. 32–37.

Malpaux, B., et al.: «Biology of mammalian photoperiodism and the critical role of the pineal gland and melatonin». *J. Biol. Rhythm.* 16 (2001), S. 336–347.

Maquet, P.: «Sleep on it!» *Nat. Neurosc.* 3 (2000), S. 1235 bis 1236.

May, M.: «Cycles of sex examined for environmental influences». *Science* 260 (1993), S. 1592–1593.

Meier-Koll, A.: *Chronobiologie.* Beck, München 1995.

Michael, T. P., et al.: «Enhanced fitness conferred by naturally occurring variation in the circadian clock». *Science* 302 (2003), S. 1049–1053.

Moore, R. Y., et al.: «Suprachiasmatic nucleus organization». *Cell Tissue Res.* 309 (2002), S. 89–98.

Mori, T., Johnson, C. H.: «Circadian programming in cyanobacteria». *Cell & Developm. Biol.* 12 (2001), S. 271–278.

Mouritsen, H., Frost, B. J.: «Virtual migration in tethered flying monarch butterflies reveals their orientation mechanisms». *Proc. Natl. Acad. Sc.* USA 99 (2002), S. 10162 bis 10166.

Niederstadt, J.: «Das Diktat der Uhr». *Frankfurter Rundschau* 248 (2003), S. 28.

Norddeutscher Rundfunk: «Diesseits von Afrika». Programmheft. Das neue Werk, 27. 10. 2003.

Osten, M.: ‹Alles veloziferisch› oder Goethes Entdeckung der Langsamkeit. Insel, Frankfurt am Main 2003.

Pearson, H.: «Jet setting drains brain». *Nat. Sc. Update* 2001. www.nature.com/nsu/010524/010524-3 (Zugriff: 17. 11. 2003).

Plautz, J. D., et al.: «Independent photoreceptive circadian clocks throughout *Drosophila*». *Science* 278 (1997), S. 1632–1635.

Poethig, R. S.: «Phase change and the regulation of development timing in plants». *Science* 301 (2003), S. 334–336.

Pourquié, O.: «The segmentation clock: Converting embryonic time into spatial pattern». *Science* 301 (2003), S. 328 bis 330.

Rajaratnam, S. M. W., Arendt, J.: «Health in a 24-h society». *Lancet* 358 (2001), S. 999–1005.

Ritzert, B.: «Cluster-Kopfschmerz: Der Motor ist die «innere Uhr.» *Informationsdienst Wissenschaft*, 2. 6. 2001.

Roden, L. C., et al.: «Floral responses to photoperiod are correlated with the timing of rhythmic expression relative to dawn and dusk in *Arabidopsis*.» *Proc. Natl. Acad. Sci.* USA 99 (2002), S. 13313–13318.

Roenneberg, T.: «The day within». *Chronobiol. Int.* 4 (2003), S. 525–528.

Roenneberg, T., Aschoff, J.: «Annual rhythm of human reproduction: I. Biology, sociology, or both? II. Environmental correlations». *J. Biol. Rhythm.* 5 (1990), S. 195–239.

Roenneberg, T., Merrow, M.: «The network of time: Understanding the molecular circadian system». *Current Biol.* 13 (2003), S. R198–R207.

Roenneberg, T., et al.: «Life between clocks: Daily temporal patterns of human chronotypes». *J. Biol. Rhythm.* 18 (2003), S. 80–90.

Roenneberg, T., et al.: «The art of entrainment». *J. Biol. Rhythm.* 18 (2003), S. 183–194.

R. W.: «Enge Bindungen im Gehirn». *Frankfurter Allgemeine Zeitung*, 13. 6. 2001.

Scheer, F. A. J. L., et al.: «Daily nighttime melatonin reduces blood pressure in male patients with essential hypertension». *Hypertension* (2004), published online before print, doi: 10.1161/01.HYP.0000113293.15186.3b.

Scheppach, J.: *Sex um acht – und was Sie sonst noch über innere Uhren wissen sollten.* Kösel, München 1996.

Schultz, T. F., Kay, S. A.: «Circadian clocks in daily and seasonal control of development». *Science* 301 (2003), S. 326 bis 328.

Schwartz, W. J., et al.: «Encoding *le quattro stagioni* within the mammalian brain: Photoperiodic orchestration through the suprachiasmatic nucleus». *J. Biol. Rhythm.* 16 (2001), S. 302–311.

Schwartz, W. J.: «Suprachiasmatic nucleus». *Current Biol.* 12 (2002), S. R644.

Smolensky, M., Lamberg, L.: *The body clock guide to better health.* Henry Holt, New York 2000.

Sparmann, A.: «Wenn's denn fruchtet ...» *Geo Special* 6 (2003), S. 45–51.

Spork, P.: *Das Schnarchbuch.* Rowohlt, Reinbek 2001.

Stern, K., McClintock, M. K.: «Regulation of ovulation by human pheromones». *Nature* 392 (1998), S. 177–179.

Stickgold, R., et al.: «Replaying the game: Hypnagogic images in normals and amnesics». *Science* 290 (2000), S. 350–353.

Stickgold, R., et al.: «Visual discrimination learning requires sleep after training». *Nat. Neurosc.* 3 (2000), S. 1237 bis 1238.

Strassmann, B.: «Der innere Uhrmacher». *Die Zeit* 5, 24. 1. 2002, S. 29.

Tauber, E., et al.: «Temporal mating isolation driven by a behavioral gene in *Drosophila*». *Curr. Biol.* 13 (2003), S. 140 bis 145.

Tauber, E., Kyriacou, B. P.: «Insect photoperiodism and circadian clocks: Models and mechanisms». *J. Biol. Rhythm.* 16 (2001), S. 381–390.

Toh, K. L., et al.: «An h*Per*2 phosphorylation site mutation in familial advanced sleep phase syndrome». *Science* 291 (2001), S. 1040–1043.

vert: «Morgenluft, Fliegenduft». *Süddeutsche Zeitung*, 10. 12. 2002.

Visser, M. E., Hollemann, L. J. M.: «Warmer springs disrupt the synchrony of oak and winter moth phenology». *Proc. R. Soc. B* 268 (2001), S. 289–294.

Wandtner, R.: «Der Schlaf als Zeit der Unruhe». *Frankfurter Allgemeine Zeitung* 23 (2004), S. 36.

Wagner, U., et al.: «Sleep inspires insight». *Nature* 427 (2004), S. 352–355.

Weidenbach, T., Zierul, S.: Hormone, Licht und Krebs. *Frankfurter Allgemeine Sonntagszeitung* 47 (2003), S. 72.

Yamaguchi, S., et al.: «Synchronization of cellular clocks in the suprachiasmatic nucleus». *Science* 302 (2003), S. 1408 bis 1412.

Young, M. E. et al.: «Alterations of the circadian clock in the heart by streptozotocin-induced diabetes». *J. Mol. Cell. Cardiol.* 34 (2002), S. 223–231.

Zambon, A. C., et al.: «Time- and exercise-dependent gene regulation in human skeletal muscle». *Genome Biology* 4 (2003), R61 (genomebiology.com/2003/4/10/R61).

Zulley, J., Knab, B.: *Unsere Innere Uhr*. Herder, Freiburg 2000.

Zulley, J., Knab, B.: *Die kleine Schlafschule*. Herder, Freiburg 2002.

Bildquellen

Seite 15: Nach Alfred Meier-Koll, *Chronobiologie*, C.H.Beck, München 1995, S. 62.

Seite 23: Nach Jay C. Dunlap et al.: *Chronobiology: biological timekeeping*, Sinauer, Sunderland 2004, Abb. 2.12, S. 42.

Seite 44: Nach Alfred Meier-Koll: *Chronobiologie*, C.H.Beck, München 1995, Abb. 4–9, S. 106.

Seite 76: Nach Jay C. Dunlap et al.: *Chronobiology: biological timekeeping*, Sinauer, Sunderland 2004, Abb. 4.7, S. 115.

Seite 103: Nach J. C. Dunlap: «Molecular bases for circadian clocks». *Cell 96* (1999), S. 271–290. Abb. 2, S. 273.

Seite 105: Nach M. H. Hastings et al.: «A clockwork web: Circadian timing in brain and periphery, in health and di-sease». *Nat. Rev. Neurosc.* 4 (2003), S. 649–661. Abb. 2, S. 651.

Seite 126: Nach Peter Spork: *Das Schnarchbuch*, Rowohlt, Reinbek 2001, Abb. 2, S. 33.

Seite 130: Nach Peretz Lavie: *Die wundersame Welt des Schlafes*, dtv, München 1999, S. 74.

Seite 150: Nach Jay C. Dunlap et al.: *Chronobiology: biological timekeeping*, Sinauer, Sunderland 2004, Abb. 9.3, S. 294.

Seite 178: Nach Jay C. Dunlap et al., *Chronobiology: biological timekeeping*, Sinauer, Sunderland 2004, Abb. 10.24, S. 351.

Register

ro
ro
ro

science

Mathematik, Physik, Medizin, Philosophie, Kunst, Genetik – so kommt die Wissenschaft in den Kopf

Pierre Basieux
Die Top Ten der schönsten mathematischen Sätze
3-499-60883-9

Jörg Blech
Leben auf dem Menschen
Die Geschichte unserer Besiedler
3-499-60880-4

Richard Dawkins
Das egoistische Gen
3-499-19609-3

Michio Kaku
Im Hyperraum
Eine Reise durch Zeittunnel und Paralleluniversen
3-499-60360-8

Detlef B. Linke
Kunst und Gehirn
Die Eroberung des Unsichtbaren
3-499-60258-X

James Trefil
Physik im Strandkorb
Von Wasser, Wind und Wellen
Professor James Trefil ist komplexen Naturerscheinungen auf den Grund gegangen – ein Kolleg auf hohem Niveau, voller vergnüglicher Geschichten!

3-499-19683-2

rororo science

Kopfnüsse für Querdenker

John D. Barrow
Ein Himmel voller Zahlen
*Auf den Spuren
mathematischer Wahrheit*
3-499-19742-1

Pierre Basieux
Abenteuer Mathematik
*Brücken zwischen Wirklichkeit
und Fiktion*
3-499-60178-8

Beck-Bornholdt/Dubben
Der Hund, der Eier legt
*Erkennen von Fehlinformation
durch Querdenken*
3-499-61154-6

Dietrich Dörner
Die Logik des Misslingens
*Strategisches Denken
in komplexen Situationen*
3-499-19314-0

László Mérö
Die Logik der Unvernunft
*Spieltheorie und die Psychologie
des Handelns*
3-499-60821-9

Gero von Randow
Das Ziegenproblem
Denken in Wahrscheinlichkeiten
3-499-19337-X

Tschernjak/Rose
**Die Hühnchen von Minsk
und 99 andere hübsche
Probleme**

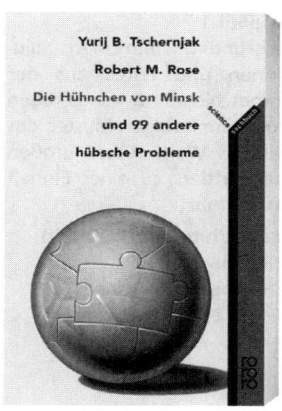

3-499-60363-2

Foto: Agentur Focus

Stephen Hawking

«Ein Meister der populärwissenschaftlichen Darstellung in bester anglo-amerikanischer Tradition.»
Frankfurter Rundschau

Einsteins Traum
Expeditionen an die Grenzen der Raumzeit
3-499-60132-X

Eine kurze Geschichte der Zeit
3-499-60555-4

Stephen Hawkings Welt
Ein Wissenschaftler und sein Werk
Hg. von Stephen Hawking
3-499-19661-1
Hintergrundinformationen, Illustrationen und Fotos aus der Lebensgeschichte Hawkings fügen sich zu einem farbigen Muster, das Leben und Werk dieses großen Wissenschaftlers zu einer Einheit zusammenführt.

Michael White/John Gribbin Stephen Hawking: Die Biographie
3-499-19992-0

Die illustrierte Kurze Geschichte der Zeit
In dieser erweiterten und durchgehend vierfarbig illustrierten Ausgabe bringt Hawking sein zum Klassiker der modernen Astrophysik avanciertes Buch auf den aktuellen Erkenntnisstand.

3-499-61487-1

Foto: Klaus Kallabis

Christoph Drösser

Stimmt's, Herr Drösser, dass Ihre Bücher süchtig machen?

Stimmt's?
Moderne Legenden im Test
3-499-60728-X
«Bier auf Wein, das lass sein – Wein auf Bier, das rat ich dir.» Stimmt's? Alltagsweisheiten auf dem Prüfstand.

Stimmt's?
Noch mehr moderne Legenden im Test
3-499-60933-9

Stimmt's?
Freche Fragen, Lügen und Legenden für clevere Kids
3-499-21163-7
Stimmt's, dass Pinguine umfallen, wenn Flugzeuge über sie hinwegfliegen? Gähnen ansteckend ist? Pupse brennbar sind? Schokolade süchtig macht? Christoph Drösser, Redakteur der «Zeit» und science-Buchautor, macht Schluss mit Lügen und Legenden. Das Buch macht einfach Spaß – und nebenbei gibt's viel zu lernen!

Stimmt's?
Neue moderne Legenden im Test
«Mit 75 neuen, hoch vergnüglichen Texten steht Christoph Drösser ein weiteres Mal souverän Rede und Antwort ... zum Staunen, Schmunzeln oder Kopfschütteln.»
www.wissenschaft-online.de

3-499-61489-8